学振申請書の書き方とコツ

改訂第2版

DC/PD獲得を目指す若者へ

大上 雅史 著

おおうえ まさひと

JN047026

講談社

改訂第2版
はじめに

　本書『学振申請書の書き方とコツ』の初版を出版した2016年から5年の月日が流れ，「学振」を取り巻く環境はかなり変わってきました．各大学や研究所などで学振申請書に関するセミナーが開催され，申請書を書くのが初めての学生でもノウハウを得やすい環境になってきたと思います．SNSやブログも知識共有に大変貢献しており，twitterで「学振」と検索すれば知らない誰かの貴重な体験を見ることができ，ブログ記事を漁ればまとまったノウハウが大量に得られる時代になりました．もはや紙という媒体の役目も終えたのでは？と思うこともありました．しかし，できるかぎりの最新の情報・事実（要項や様式等），そこから推察・帰結される事柄（書き方や内容），さらに様々な経験から蓄積されたノウハウ（採用される申請書のコツ）を体系的に1冊にまとめた書籍の存在は，これからさらなる飛躍を目指す学生・若手研究者たちの手助けになると信じ，この改訂第2版の出版を決意しました．

　ところで，この度の改訂版の執筆も佳境となった2021年2月12日に，「学振」の令和4年度申請の要項が日本学術振興会より公表され，それまでとはガラッと変わった申請書様式・審査方法となったことは界隈に大きな衝撃を与えました．ちょうど本書発売の1ヶ月前というところで，すでに原稿が固まっていた時期ではありましたが，あまりの劇的な変化に，これは反映させないとこの本の存在価値がない！と意気込み，普通なら微修正を行っている段階の時期にほぼ全域にわたる大規模修正を強行しました．編集担当者には苦労をかけてしまいましたが，おかげで名実ともに現時点の最新様式に対応したと，胸を張って言えると思います．

　さて，この第2版でも様々な方から情報提供やご意見を頂きました．この場を借りて感謝申し上げます．

　新たに申請書の実物を提供頂きました平木剛史さん（筑波大学），筒井一穂さん（東京大学），大変ありがとうございました．また，初版で申請書を提供頂いた皆さまも，引き続きの掲載のご快諾を頂き感謝しています．SNSでは様々なブログの情報などを教えて頂きました．すべてを挙げることはここでは難しいですが，大変感謝しております．

　最後に，相変わらずの遅筆と前述のすったもんだに付き合わされた講談社サイエンティフィクの三浦洋一郎様，引き篭もり執筆をサポートしてくれた妻と，初版とともに5歳になった娘 明香里，そしてコロナ禍の中で誕生し奇しくも第2版と同い年になる息子 新太に感謝の意を表して，本書のはじめにと致します．

2021年3月　大上 雅史

はじめに

　「学振」の攻略本が，ついに登場です．

　日本学術振興会 特別研究員，通称「学振」．研究者を目指す者にとっては，この言葉の重みは相当なものでしょう．申請書を書いて出すという慣れない作業に四苦八苦しながら，多くの学生や若手研究者が学振に挑戦してきました．本書はそんな学振の申請書の書き方を解説した初めての本となります．

　ネット社会の昨今ですので，学振申請書の書き方の情報なんてググれば（※Google検索の意）いくらでも出てくるでしょうと言う人がいるかもしれませんし，そういう人にはこの本はあまり必要ないでしょう．ですが，そのような申請書の書き方を知っている人と知らない人には，想像以上の差があると感じています．多くの学振採用者を輩出する研究室にいるなら先生や先輩が情報を提供してくれるでしょう．しかしそのような恵まれた環境にいない人は，すでにスタートの時点で情報量に差がついてしまっているわけです．せっかく優れた研究をしていても学振採用につながらない，そんな不幸が起こらないようにという思いが本書に込められています．

　本書は筆者が行ってきた学振申請書の書き方に関する講演をベースとしつつ，申請に際しての重要事項および申請書の書き方とコツを体系立てて一から解説したものです．本書に記載した事柄の多くは募集要項や日本学術振興会のウェブサイトに記載されていることですので，たしかにググれば出てくる話も多いです．しかし，何のどこに大事なことが書いてあるのかをうまく手ほどきしたつもりですので，必ず役に立つと信じています．

　本書を執筆するにあたり，様々な方から情報提供やご意見をいただきました．以下に挙げる方々の協力なしには本書は完成しえなかったでしょう．この場を借りて感謝申し上げます．

　学振経験者インタビューを快く引き受けていただき，実際に提出した申請書の掲載もご快諾いただいた余越 萌さん（京都大学），寺田愛花さん（JSTさきがけ・東京大学），新屋良磨さん（東京大学）．インタビューにて，学振PDでの子育ての貴重なご経験を語っていただいた谷中冴子さん（分子科学研究所）．数少ないSPD採用経験者として面接などの情報を快く提供いただいた鈴木 翔さん（Cornell University）．Tスコア換算についてご議論いただいた森脇由隆さん（分子科学研究所）．電子申請システム上での結果表示例を快くご提供いただいた柳澤渓甫さん（東京工業大学），安尾信明さん（東京工業大学），福永津嵩さん（早稲田大学）．本当にありがとうございました．また，筆者が学部生の頃からお世話になっている秋山 泰

教授（東京工業大学）は，審査員の視点から見たプレゼンや申請書執筆のポイントを筆者に叩き込んでくれましたが，もちろん本書にもそのエッセンスが散りばめられております．本書の校正段階でも多くの有益なご助言をいただき，大変感謝しております．

　最後に，筆者の遅筆さに呆れることなく完成までお付き合いいただきました講談社サイエンティフィクの三浦洋一郎様，そして休日の家族サービスが犠牲になっても暖かく見守ってくれた妻 可愛と，本書執筆のさなかにこの世に生を受けた娘 明香里に感謝の意を表して，本書のはじめにとします．

2016年3月　大上 雅史

目次

Chapter

1

「学振」の基礎知識

■ 1.1 「学振」とは

　学振は，独立行政法人 日本学術振興会という機関の略称です．研究費助成事業（いわゆる科研費）や国際交流事業，卓越研究員事業，大学の教育研究向上のための卓越大学院プログラムやスーパーグローバル大学創成支援事業などを行っている，研究者なら誰でも知っている機関かと思います．ですが，学生や若手研究者が「学振」といった場合は少し意味が変わってきます．彼らが（そしてこの本でも）指しているのは，**日本学術振興会 特別研究員**」のことなのです．この本では，「学振」というようにカギ括弧付きで学振という言葉が出てきたときは，機関名ではなく特別研究員制度のことだと思って読んでください．

　「日本学術振興会 特別研究員」制度，通称「学振」は，おおざっぱにいえば**2〜3年間生活費と研究費（科研費）がもらえる制度**です．博士課程の学生なら月 200,000 円，博士号を取った研究者なら月 362,000 円の生活費（研究奨励金といいます）がもらえますし，研究費はどちらも年間 100 万円前後もらえます．分野に制限はないといってよく，**人文学，社会科学および自然科学の全分野が対象**となっています．この特別研究員事業には年間で156 億円（令和 2 年度予算額）ほどの国家予算が当てられており，約 4200人の博士課程学生と 1200 人の研究者が「学振」で研究をしています．「学振」は〝わが国トップクラスの優れた若手研究者に自由な発想のもとに主体的に研究課題等を選びながら研究に専念する機会を与え，研究者の養成・確保を図る制度〟として位置づけられており，若い研究者の卵たちの大きな目標として，また研究者としてのキャリアアップの 1 ステップとして捉えられています．

■ 1.2 特別研究員の制度概要

　学振の特別研究員（「学振」）には，**DC1，DC2，PD，RPD，CPD** という区分があります．また，日本学術振興会としては別の事業になりますが，いわゆる**「海外学振」**とよばれている海外特別研究員制度および海外特別研究員-RRA 制度もあります．まずは概要を図 1.1 に載せますので，どのような制度か大枠をつかんでください．

区分	DC1	DC2	PD	RPD	海外/海外RRA	CPD
		「学振」			「海外学振」	
対象者	博士課程学生		博士号取得者			学振PD採用者
いわゆる生活費	月20万円		月36.2万円		年380万〜520万円	月44.6万円
採用期間	3年間	2年間	3年間		2年間	4年半（3年間の海外渡航）
所属機関でのおおよその申請締切	5月中旬頃				4月中旬頃	6月中旬頃

PD, RPD, 海外学振はいずれも併願可能
（CPD は海外学振と併願不可）

図 1.1 「学振」の制度一覧

　DC1 と DC2 は博士課程学生向けの区分です．一般的なケースですと，DC1 は修士課程 2 年の 5 月に申請して，採用されれば翌年の博士課程 1 年の 4 月から 3 年間，特別研究員としての身分が得られます．DC2 は博士課程 1 年もしくは 2 年の 5 月に申請します．PD や RPD，「海外学振」については，採用される時点で博士の学位をもっていることが前提です（例外あり）．RPD の R は"Restart"からつけられており，出産や子育てなどで研究を中断した研究者（男女とも）が円滑に研究現場に復帰することを支援する目的で設立されました．海外学振 RRA も同様に Restart 支援を目的としています．CPD は学振 PD 採用者が応募できる枠で，年間 10 名程度と小さな枠ですが，若手研究者の長期の海外経験を支援する目的で 2019 年に新設されました．また，PD 応募者から特に優れた者がなれる SPD という区分もありましたが，2021 年より新規採用は行われていません．

　本書は主に DC1，DC2 と PD を対象として書かれていますが，その他の区分にも共通していえることは多いです．ただし，細かい決まりなどはそれぞれにありますので，必要に応じて日本学術振興会ウェブサイトにある募集要項を必ず参照してください．

1.3 特別研究員 DC1 ／ DC2 の申請資格

前節で簡単にそれぞれの区分を説明しましたが，実際には区分ごとに申請資格が細かく定められています．まずは博士課程在学者向けの DC1 と DC2 の申請資格を見てみましょう．

DC1

採用年度の 4 月 1 日現在，我が国の大学院博士課程に在学し，次のいずれかに該当する者．（外国人も含む）

① 区分制の博士課程後期第 1 年次相当（在学月数 12 ヶ月未満）に在学する者

② 一貫制の博士課程第 3 年次相当（在学月数 24 ヶ月以上 36 ヶ月未満）に在学する者

③ 後期 3 年の課程のみの博士課程第 1 年次相当（在学月数 12 ヶ月未満）に在学する者

④ 医学，歯学，薬学又は獣医学系の 4 年制の博士課程第 2 年次相当（在学月数 12 ヶ月以上 24 ヶ月未満）に在学する者

※ ①〜③において，採用年度の 4 月に博士課程後期等に進学する予定の者を含む
※ 年齢制限なし
※ 過去に特別研究員採用経験をもつ者は申請不可

DC2

採用年度の 4 月 1 日現在，我が国の大学院博士課程に在学し，次のいずれかに該当する者．（外国人も含む）

① 区分制の博士課程後期第 2 年次以上の年次相当（在学月数 12 ヶ月以上 36 ヶ月未満）に在学する者

② 一貫制の博士課程第 4 年次以上の年次相当（在学月数 36 ヶ月以上 60 ヶ月未満）に在学する者

③ 後期3年の課程のみの博士課程第2年次以上の年次相当（在学月数12ヶ月以上36ヶ月未満）に在学する者

④ 医学，歯学，薬学又は獣医学系の4年制の博士課程第3年次以上の年次相当（在学月数24ヶ月以上48ヶ月未満）に在学する者

※ 年齢制限なし
※ 過去に特別研究員採用経験をもつ者は申請不可

注意：休学の取り扱いについて

　博士課程における休学期間は在学月数に含みません．ただし，休学期間の合計が6ヶ月未満の場合は在学月数に加算し，申請資格の確認をいたします．（例：在学月数6ヶ月＋休学期間6ヶ月→在学月数6ヶ月相当のため申請資格DC1．在学月数7ヶ月＋休学期間5ヶ月→合計6ヶ月未満の休学は在学月数に加算し，在学月数12ヶ月相当のため申請資格DC2）

　また，休学の単位は月とし，1日の休学でも1ヶ月とみなします．ただし，学期等の都合で機関の取り決めがある場合は取り決めに沿って換算して構いません．（例：秋学期が9月25日から開始のため，9月25日〜翌年度9月24日までの休学を12ヶ月の休学とみなす等）

　少し条件が複雑そうに見えますが，基本的には①の条件を見て，採用される年の4月1日に博士課程1年か2年以上かでDC1かDC2かに分かれることになります．ただし，総合研究大学院大学など5年一貫制の場合は②の条件を見て判断します．医歯薬学系などの4年制博士課程については④にあるように1年後ろにずれることになります．簡単に図にしたものを図1.2に載せました．

　いくつか例を挙げてみますので，自分がどのケースに該当するかをよく

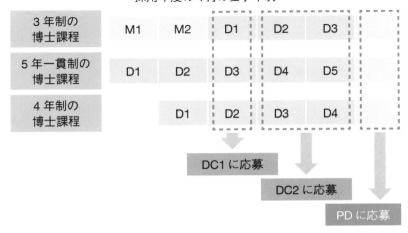

採用年度の 4 月の在学年次

3 年制の博士課程	M1	M2	D1	D2	D3	
5 年一貫制の博士課程	D1	D2	D3	D4	D5	
4 年制の博士課程		D1	D2	D3	D4	

DC1 に応募
DC2 に応募
PD に応募

図 1.2　DC の採用時の在学年次と応募資格

確認して申請するようにしてください．わからなければ日本学術振興会や所属機関の担当者に直接聞いてみることをおすすめします．

【例 1】一般的なケース　いまは令和 3 年 5 月です．あなたは令和 4 年度採用の DC に申請しようとしている修士課程 2 年生です．令和 4 年 4 月 1 日に 3 年制の博士課程に入学を予定しています．「学振」の応募資格は DC1 と DC2 のどちらでしょう？

　→採用年度（令和 4 年度）の 4 月 1 日時点で在学月数が 0 ヶ月なので，「12 ヶ月未満」のため**応募資格は DC1** になります．（① 区分制の博士課程後期第 1 年次相当（在学月数 12 ヶ月未満）に在学する者）．

【例 2】10 月入学のケース　いまは令和 3 年 5 月です．あなたは令和 4 年度採用の DC に申請しようとしている修士課程 2 年生です．令和 3 年 10 月 1 日に 3 年制の博士課程に入学が決まっています．「学振」の応募資格は DC1 と DC2 のどちらでしょう？

　→採用年度（令和 4 年度）の 4 月 1 日時点で在学月数が 6 ヶ月なので，「12 ヶ月未満」のため**応募資格は DC1** になります．（① 区分制の博士課程後期第 1 年次相当（在学月数 12 ヶ月未満）に在学する者）．

【例 3】休学を伴うケース 1　いまは令和 3 年 5 月です．あなたは令和 4 年度採用の DC に申請しようとしている 3 年制博士課程 1 年生です．令和 3 年 4 月 1 日に 3 年制の博士課程に入学し，令和 3 年 10 月 1 日から令和 4 年 3 月 31 日まで休学を予定しています．「学振」の応募資格は DC1 と DC2 のどちらでしょう？

　→休学期間が 6 ヶ月以上なので休学期間は在学期間に含まれません．つまり採用年度 4 月 1 日時点での在学月数は 6 ヶ月となり，**応募資格は DC1** になります．

【例 4】休学を伴うケース 2　いまは令和 3 年 5 月です．あなたは令和 4 年度採用の DC に申請しようとしている 3 年制博士課程 1 年生です．令和 3 年 4 月 1 日に 3 年制の博士課程に入学し，令和 3 年 9 月 1 日から令和 3 年 12 月 31 日まで休学を予定しています．「学振」の応募資格は DC1 と DC2 のどちらでしょう？

　→休学期間が 4 ヶ月（6 ヶ月未満）なので休学期間は在学期間に含まれます．つまり，採用年度 4 月 1 日時点での在学月数は 12 ヶ月となり，**応募資格は DC2** になります．

▎1.4　特別研究員 PD の申請資格

続いて PD の申請資格を見てみましょう．

PD

次の①〜③をすべて満たす者．

① 学位取得
　採用年度の 4 月 1 日現在において，博士の学位を取得後 5 年未満の者．（申請時においては見込みでもよい）
② 受入研究機関等の選定
　受入研究機関については<u>大学院博士課程在学当時（修士課程と</u>

して取り扱われる大学院博士課程前期は含まない）の所属研究機関以外の研究機関を選定すること．研究機関移動後の受入研究者については，出身研究機関の学籍上の研究指導者を選定することはできません．

※同一大学内での他キャンパスへの移動は，研究機関移動の要件を満たしません．
※出身研究機関とは，博士の学位を取得する予定又は博士の学位を取得した研究機関です．

③ 国籍

申請時に，日本国籍を持つ者，又は日本に永住を許可されている外国人．

　こちらも申請資格については基本的に①を見ればよいことになります．しかし，PD では DC とは異なり，②の**研究機関移動が課されます**．つまり，博士課程のときに所属していた大学とは別の大学・指導教員のもとで研究することが必須となります．一応やむを得ない場合の特例措置もあり，理由書を追加で提出することで研究機関移動を回避して申請することも可能です．

　　研究機関移動に関する特例措置について

　　　出身研究機関を受入研究機関に選定する者は，特別研究員等審査会において以下のやむを得ない事由のいずれかに該当すると判定された場合のみ，研究機関移動に関する特例措置を認めます．（特例措置が認められない場合は不採用となります．）

　　(1) 身体の障害，出産，育児等の理由により出身研究機関以外の研究機関で研究に従事することが難しい場合
　　(2) 研究目的・内容及び研究計画等から研究に従事する研究機関として出身研究機関以外の研究機関を選定することが国内の研究機関における研究の現状において，極めて困難な場合

特例措置を希望する者は「特例措置希望理由書を提出する状況（例：出身研究機関と受入研究機関が同じである等）を明確にしたうえで，研究環境を変更できない事由を研究機関の選定理由と関連づけて説明してください.

著者注 日本学術振興会が実施した特別研究員募集に関する説明会の中で，「研究テーマを理由とする(2)のケースはほぼ認められない」と言及されています. また，特例措置が認められかつ採用内定に至った者は平成28年～令和2年の5年間で18名でした.

ちなみに，**PDは「海外学振」やRPDとの並立申請が可能**です. RPDは特殊な要件を必要としますが，「海外学振」の要件はPDとほぼ同じです. PDでも採用期間中に海外に出て研究することは可能なのですが，渡航期間に制限があります. 海外に出ようかなと思っている方は，「海外学振」も積極的に申請するようにしましょう.

なお，DC1およびDC2の採用期間中に大学院を修了して博士の学位を取得した場合，その翌月から採用期間の残期間について特別研究員-PDに資格変更ができます。この場合，資格変更後に支給される研究奨励金は特別研究員-PDと同じく月額362,000円となります。

1.5 特別研究員RPDの申請資格

最後に，出産・育児による研究中断者への復帰支援フェローシップとして位置づけられているRPDの申請資格です.

`RPD`

次の(1)～(3)をすべて満たす者. （採用年度が2021年度の場合）

(1) 2021年4月1日現在，博士の学位を取得している者. （申請時においては，見込みでもよい）

(2) 次のいずれかに該当する者.

① 2020年4月1日時点で未就学児を養育しており，その子の出産・育児のため，2013年10月1日から2020年3月31日の間に3ヶ月以上研究活動を中断した者.

② 出産又は疾病や障害のある子を養育したため，2015年4月1日から2020年3月31日の間に，3ヶ月以上研究活動を中断した者.

(3) 申請時に，日本国籍を持つ者，又は日本に永住を許可されている外国人.

※上記要件を満たしていれば，年齢・性別は問いません.

　RPDについては，過去にDCやPDに採用された者や，現在採用されている者についても申請することが可能です．つまりPDとRPDを並行して申請することも可能です．RPD申請を考えている方は念頭に置いておくとよいでしょう.

▌ 1.6　どうすれば「学振」を取れるのか？

　さて，ここまで「学振」の各区分についての申請資格について紹介してきましたが，もちろん申請資格が満たされているだけでは「学振」は獲得できません．この本のタイトルにもあるように，**申請書**というものを書いて提出する必要があります．この申請書，たかだかA4で7〜8ページなのですが，就職活動に見られるようなエントリーシートなどと違い，これから特別研究員として行う研究について要点をわかりやすく明快に書く必要があり，多くの学生にとっては，どのように書いたらよいかわからないところからのスタートになると思います．未来の研究の話を書く，ということに慣れていない人は多いのではないでしょうか.

　もちろん，最近ではインターネットなどで申請書の書き方を解説したさまざまなウェブサイトが簡単に検索できるようになりました．しかし，こ

れまで「学振」を申請してきた多くの人たちは，先輩や指導教員の先生の貴重な経験に基づく「書き方のコツ」を，直接伝授してもらっていたのではと思います．このような家伝継承的な状況もあってか，「学振」は有名ラボの学生しか取れないのだという風説も蔓延しているようです（章末コラムも参照のこと）．過去に「学振」を経験した先輩が近くにいないと，情報量の違いでスタート地点が数歩後退してしまうのです．

ですが，良い申請書というものは誰にでも書くことができると筆者は信じています．この本では，良い申請書を目指し，「学振」獲得を目指すための「申請書の書き方のコツ」を体系的にまとめつつ，筆者の経験も交えて皆さんに伝えていきたいと思います．

1.7 近年の「学振」採用率を見る

さて，実際に「学振」に採用される人というのは何人くらいいるのでしょうか．日本学術振興会 特別研究員制度のウェブサイトを見てみると，最近のデータが公開されています．図 1.3 に直近 10 年の申請者数の推移（DC1，DC2，PD），図 1.4 に新規採用者数と採用率の推移をグラフ化したものを載せました．申請者数はここ最近は DC1/DC2 が増加傾向なのに対し，PD は減少傾向にあることがわかります．採用率については，最近だと平成 23 年度で DC がそれまで 30% 水準だったものが 23% ほどまで下落し，その後 25% 前後を推移している状況です．一方，PD は平成 23 年度から 3 年間は 18% あたりを前後していて，平成 27 年度には 11% まで落ちましたが，最近では申請者が減ってきているために採用率は上がってきており，令和 2 年度は DC1/DC2 と同水準の約 20% となっています．なお，申請者数は分野ごとに大きく異なりますが，**採用率がどの分野も同じくらいの割合になるように採用者数が調整されています**．

実はこの年による採用率の変化は，国の政策や予算の組み方に強く関係しているといわれています．確かなことは霞が関の中の人でないとわかりませんが，たとえば平成 23 年度には行政刷新会議（いわゆる事業仕分け）がありました．また，より関連の強い話としては，平成 26 年度に「学振PD」の研究費（科研費）に対して，研究費をもらった人が所属する大学な

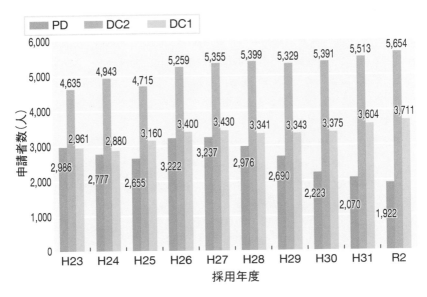

図 1.3　DC1, DC2, PD の申請者数の推移

どの運営のために措置される間接経費というものが新たに付与されること
になりました．つまり，PD 1 人あたりに必要なお金が増えたことによって，
採用者数および採用率が減少したと見ることができます．この間接経費の
措置は，大学内などでのポジションがあいまいな「学振 PD」に対して環境
が整備されるようにという目的があり，これによって「学振 PD」の待遇が
ある程度改善されています．最近では PD 申請者が減少傾向にあり，相対
的に採用率が上昇しています．

　細かい推移はさておき，おおまかに見て，直近の採用率から**学振は 5 人
に 1 人くらいの倍率と見てよいでしょう**．どうですか？　意外に低いと思っ
た人もいれば，やっぱり厳しいなと思った人もいるでしょう．実際には突
破するのは確かに難関なのですが，たったの A4 用紙 7, 8 ページだけで決まっ
てしまうのですから，どれだけ時間をかけて綿密に準備をするかだけでも
かなり変わってきます．たくさんの申請者の中には，出すだけ出してみよ
うと半分テキトゥに提出する人だっているかもしれません．自分より凄い
人ばかりで，どうせ出したってダメなんだとはじめから諦めてしまうのはもっ

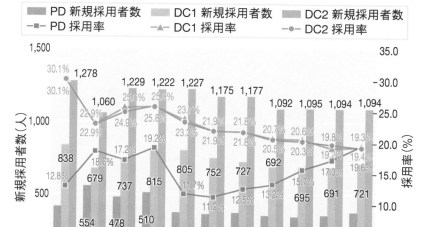

図 1.4 DC1, DC2, PD（SPD を含む）の新規採用者数と採用率の推移

たいないです．この本を読んだからといって必ず「学振」が取れるようにな
るわけではありませんが，可能性を高めるお手伝いはできると思っています．

1 章の関連情報（URL は変更の可能性があります）

●日本学術振興会

　https://www.jsps.go.jp/

●日本学術振興会 特別研究員ウェブサイト

　https://www.jsps.go.jp/j-pd/

●特別研究員等説明会資料（令和 2 年 2 月 20 日）

　https://www.jsps.go.jp/j-pd/data/pd_setsumeikai/shiryo_01.pdf

コラム 「学振」は有名な大学／先生／ラボじゃないと取れない!?

「学振なんてラボの知名度で決まるでしょ」，「やっぱり東大とかじゃないと取れないよね」，こんな話を一度は聞いたことがあるのではないでしょうか．よく言われる「学振」が有名大学や有名な先生のラボじゃないと取れないという説について，公表されている情報を使って少しだけ考えてみました．

Q1　有名大学じゃないと取れない？

A 「学振」のウェブサイトに，過去の「学振」の採用者が pdf で一覧掲載されています（採用者一覧　http://www.jsps.go.jp/j-pd/pd_saiyoichiran.html）．ここから令和 2 年度の全分野の DC1，DC2，PD，SPD 採用者を集計して，上位 15 位までの採用者数を図 1.5 に示しました．1 位は東大であるほか，DC1 および DC2 の 11 位までは RU11 と呼ばれる大学群（旧 7 帝大＋東工大＋筑波＋早慶）が占めています．PD については確かに東大が多いものの，その他の割合がかなり大きく，所属機関が多岐に渡っていること

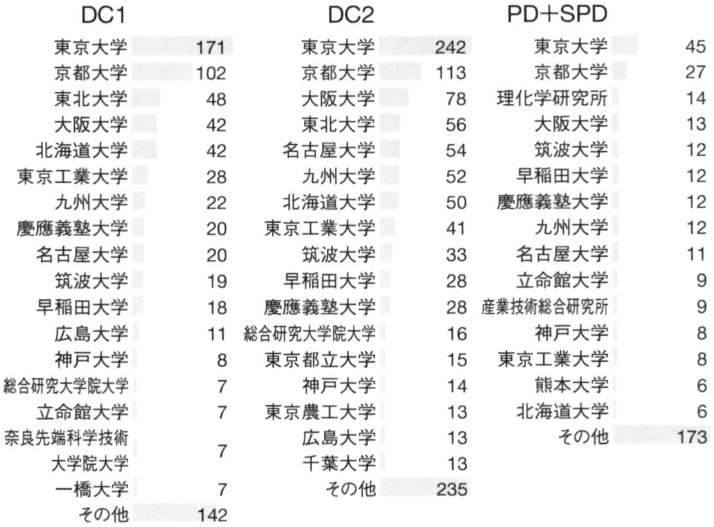

DC1
東京大学 171
京都大学 102
東北大学 48
大阪大学 42
北海道大学 42
東京工業大学 28
九州大学 22
慶應義塾大学 20
名古屋大学 20
筑波大学 19
早稲田大学 18
広島大学 11
神戸大学 8
総合研究大学院大学 7
立命館大学 7
奈良先端科学技術大学院大学 7
一橋大学 7
その他 142
DC2
東京大学 242
京都大学 113
大阪大学 78
東北大学 56
名古屋大学 54
九州大学 52
北海道大学 50
東京工業大学 41
筑波大学 33
早稲田大学 28
慶應義塾大学 28
総合研究大学院大学 16
東京都立大学 15
神戸大学 14
東京農工大学 13
広島大学 13
千葉大学 13
その他 235
PD＋SPD
東京大学 45
京都大学 27
理化学研究所 14
大阪大学 13
筑波大学 12
早稲田大学 12
慶應義塾大学 12
九州大学 12
名古屋大学 11
立命館大学 9
産業技術総合研究所 9
神戸大学 8
東京工業大学 8
熊本大学 6
北海道大学 6
その他 173

図 1.5　上位の機関の学振採用者数（令和 2 年度採用者で集計）

がわかります．この結果を見て「有名大じゃないとやっぱり取れないんだ」と思うか，「有名大じゃなくても可能性はあるんだ」と思うかは人それぞれかと思いますが，どうしても旧帝大じゃないとダメなどということはなさそうです．

Q2　有名な先生のラボじゃないと取れない？

A　これもよく言われることですが，有名な先生のラボだから「学振」が取れるというわけではなく，主に以下の2つの理由，

　① 有名＝取り組んでいる研究テーマが魅力的で面白い

　② 歴史＝脈々と受け継がれている「学振」獲得ノウハウがある

があるから取りやすいのだと思います．

　①はいまさら言われてもどうしようもないといえばそれまでですが，あなただってきっと面白いと思える研究を進めてきたことと思います（「学振」を狙っている人で自分の研究テーマなんかどうせ面白くないと思っている人はいないと思いますが）．

　ただ，研究の面白さは他人にはそう簡単に伝わりませんし，面白い研究であるということを申請書の中でいかに「伝えられるか」が圧倒的に重要です．

　②の歴史とノウハウに関しては，①の「伝える」ということと併せて，この本を読めば歴史のあるラボと戦えるレベルになると信じています．審査員も，有名な研究室の学生だからといってそれだけで通すようなマネは決してしません．諦めないで戦いましょう．

Chapter

2

審査のしくみ

▌2.1 審査の流れ

　第2章では「学振」の審査のしくみを見ていくことにします．具体的な申請書の書き方が知りたい人は，この章をとばして先に第3章以降を読んでもかまいませんが，自分の書いた申請書がどんな人に読まれるかを知っておくことは，実は"通る"申請書を書くためにも重要なのです．

　「学振」の募集から採用までの流れを図2.1に示します．2月の上旬に募集要項が公表され，6月上旬（令和4年度申請は令和3年6月10日）に申請書の締切があります（**実際には各大学・機関で取りまとめて提出するので，5月中旬頃に締切がくる**ことに注意）．申請書の提出には所属機関に申請者IDとパスワードを発行してもらうことになりますので，所属機関での案内に従って早めに発行依頼をしましょう．

　申請書の提出後は，審査員による第1次選考（書類選考）があります．その結果が来るのが9月下旬〜10月中旬です．2019年より9月下旬に開示されるようになっており，2021年は9月27日（月）あたりに開示されるのではと予想しています（表2.1）．毎年4〜5月の申請書提出時期と1次選考が開示される時期（10月）は，Googleの検索数も急上昇します．

表2.1	ここ最近の第1次選考結果開示日

筆者の予想：2021.9.27（月）　※学振は10月上旬ごろと言っている．

2020.9.25（金）
2019.9.30（月）
2018.10.12（金）
2017.10.16（月）
2016.10.14（金）
2015.10.16（金）
2014.10.16（木）

　1次選考では，**採用内定**，**第2次採用内定候補者**，**不採用**のいずれかの結果が通知されます．第2次採用内定候補者は，あらためて行われる書面審査と合議審査を経て**採用内定**，**補欠**，**不採用**が12月下旬〜1月上旬頃に開示されます（政府予算案の編成状況等により時期が前後します）．補欠者については2月下旬頃に繰り上げ結果についての開示が行われ，採用内定

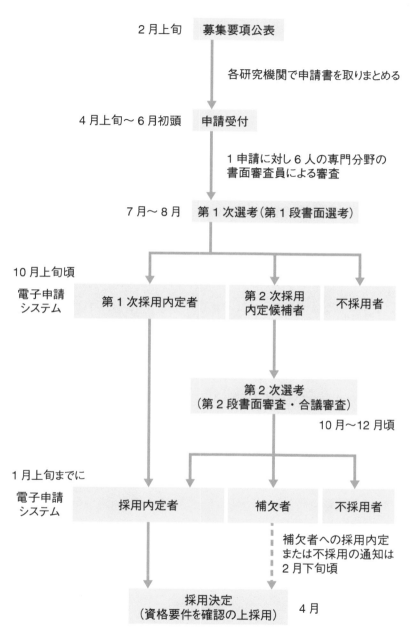

図 2.1 特別研究員 DC1, DC2, PD の募集から採用までの流れ

に繰り上がる場合があります．なお，令和2年度までは第2次選考が面接で行われていました．

採用内定後は所定の期日までに採用手続書類を提出し（5.2節も参照），晴れて4月1日から特別研究員として研究を行っていくことになります．

■ 2.2 審査区分

「学振」の申請は，**書面合議審査区分／書面審査区分／小区分**という形で専門を細かく分けて申請を行います（これらをまとめて**「審査区分」**と呼びます）．書面合議審査区分は，令和4年度採用分では「人文学」「社会科学」「数物系科学」「化学」「工学系科学」「情報学」「生物系科学」「農学・環境学」「医歯薬学」の9分野に分かれており，それぞれがさらに書面審査区分に分けられ，さらに小区分に細かく分かれます．例として書面合議審査区分「化学」の審査区分表を表2.2に，「生物系科学」の審査区分表を表2.3に挙げます（審査区分表 https://www.jsps.go.jp/j-pd/pd_sinsa-set.html）．

注意が必要なのは，似たような分野の小区分が，異なる複数の書面合議審査区分に含まれることがあることです．表2.2の「化学」には「37020 生物分子化学関連」という小区分がありますが，当然のことながら分子生物学など生物系との関連がある場合には，表2.3にある「生物系科学」（43010 分子生物学関連）なども確認するべきでしょう．

審査区分を選ぶのに有効な情報は，所属している研究室の先生が出した科研費申請での分野選択や，先輩が出した「学振」申請の審査区分です．単純かつ最も強力だと思いますが，ただこう言ってしまうと本書の存在意義がなくなってしまうので，もう少しヒントとなる情報を2つ挙げます．

1つは学振が出している審査区分表に記載されている**キーワード（小区分の内容の例）**です（審査区分表：https://www.jsps.go.jp/j-pd/data/pd_sinsa-set/shinsakubun_souhyou.pdf）．小区分別にキーワードとなる分野や用語が掲載されているので，この一覧表を見て自分の申請書に最も合う小区分を選択するというのが1番ストレートでしょう．

もう1つは**書面審査セット**です（https://www.jsps.go.jp/j-pd/pd_sinsa-set.html）．書面審査セットとは，共通の審査員が割り当てられる細目の情

表 2.2 **書面合議審査区分「化学」の審査区分表（令和 4 年度申請版）**

書面合議審査区分：化学

書面審査区分 41：物理化学，機能物性化学，無機・錯体化学，分析化学，無機材料化学，エネルギー関連化学およびその関連分野

小区分

32010	基礎物理化学関連
32020	機能物性化学関連
34010	無機・錯体化学関連
34020	分析化学関連
34030	グリーンサステイナブルケミストリーおよび環境化学関連
36010	無機物質および無機材料化学関連
36020	エネルギー関連化学

書面審査区分 42：有機化学，高分子，有機材料，生体分子化学およびその関連分野

33010	構造有機化学および物理有機化学関連
33020	有機合成化学関連
35010	高分子化学関連
35020	高分子材料関連
35030	有機機能材料関連
37010	生体関連化学
37020	生物分子化学関連
37030	ケミカルバイオロジー関連

報を提示したものです．申請書は 1 件あたり 6 人の審査員によって審査される（次節で詳しく述べる）のですが，その際に申請件数が少ない細目について，適切な相対評価ができるように関連する細目を組み合わせて審査が行われます．各細目または細目をグループ化したものに対し 6 人の書面審査員が割り当てられ，6 人の書面審査員を割り当てたグループを「書面審査セット」とよんでいます．この 6 人の書面審査員については，専門分野のバランス，各審査員の所属機関が異なるようにすることなど，公平性に配慮されています．令和 4 年度申請版の書面審査セットを，先ほどの「化学」を例に見てみましょう（表 2.4）．

　まず，ぱっと見で DC の方が審査セットが細かく分けられていることがわかります．DC の方が申請人数が多いので当然なのですが，逆に PD 申請者は審査セットの領域が大きいことに注意が必要です．

表 2.3　書面合議審査区分「生物系科学」の審査区分表（令和4年度申請版）

書面合議審査区分：生物系科学	
書面審査区分 71：分子レベルから細胞レベルの生物学およびその関連分野	
小区分	
43010	分子生物学関連
43020	構造生物化学関連
43030	機能生物化学関連
43040	生物物理学関連
43050	ゲノム生物学関連
43060	システムゲノム科学関連
書面審査区分 72：細胞レベルから個体レベルの生物学およびその関連分野	
44010	細胞生物学関連
44020	発生生物学関連
44030	植物分子および生物科学関連
44040	形態および構造関連
44050	動物生理化学，生理学および行動学関連
書面審査区分 73：個体レベルから集団レベルの生物学と人類学およびその関連分野	
45010	遺伝学関連
45020	進化生物学関連
45030	多様性生物学および分類学関連
45040	生態学および環境学関連
45050	自然人類学関連
45060	応用人類学関連
書面審査区分 74：神経科学およびその関連分野	
46010	神経科学一般関連
46020	神経形態学関連
46030	神経機能学関連

　たとえばあなたが PD で「32010 基礎物理化学関連」に申請した場合，PD 化学1の審査セットを担当する審査員があなたの申請書を読むことになります．つまり，物理化学の専門家以外にも，分析化学，グリーン・環境化学などの複合化学領域，無機材料化学などの材料領域の専門家もあなたの申請書を読むわけです．これらの審査員にも読める申請書を書く必要がありますので，自ずと言葉の使い方などに気をつける必要が出てきます．申請書の書き方については第3章以降で詳しく取り上げますので，ここでは自分の

表 2.4　分野「化学」の書面審査セット（DC および PD）

審査区分			DC1, DC2	PD
合議		書面	書面審査セット	書面審査セット
化学	41	物理化学, 機能物性化学およびその関連分野		
		物理化学, 機能物性化学およびその関連分野	化学 1	
		32010　基礎物理化学関連		
		32020　機能物性化学関連		
		無機・錯体化学, 分析化学およびその関連分野	化学 2	化学 1
		34010　無機・錯体化学関連		
		34020　分析化学関連		
		34030　グリーンサステイナブルケミストリーおよび環境化学関連		
		無機材料化学, エネルギー関連化学およびその関連分野	化学 3	
		36010　無機物質および無機材料化学関連		
		36020　エネルギー関連化学		
	42	有機化学, 高分子, 有機材料, 生体分子化学およびその関連分野		
		有機化学およびその関連分野	化学 4	
		33010　構造有機化学および物理有機化学関連		
		33020　有機合成化学関連		
		高分子, 有機材料およびその関連分野	化学 5	化学 2
		35010　高分子化学関連		
		35020　高分子材料関連		
		35030　有機機能材料関連		
		生体分子化学およびその関連分野	化学 6	
		37010　生体関連化学		
		37020　生物分子化学関連		
		37030　ケミカルバイオロジー関連		

専門分野外の人も読むんだなという認識をもっておきましょう.

　なお, この書面審査セットは毎年見直しが行われています. 各年度ごとに新しい書面審査セットが作られますので, 適宜確認してください. 過去に審査に携わった審査員の名簿も一部公開されていますので, 眺めてみてもよいでしょう（https://www.jsps.go.jp/j-pd/pd_senmonhyosho.html）. ま

た参考情報として，科学研究費助成事業（科研費）の方でも「学振」に似た細目が定められています．

2.3 審査区分の選び方

　ここでは"生物物理"という学問分野の研究をしている人が，どのような細目を選べばよいかを例にとって説明します（生物物理とは，その名前の通り生物学と物理学の境界領域にある学問分野です．どんな学問かに興味がある人は日本生物物理学会のウェブサイト http://www.biophys.jp を見てみるとよいでしょう）．

　まず，"生物物理"の研究が該当しそうな細目を挙げます．

(1) 数物系科学／物性物理学およびその関連分野／13040 生物物理，化学物理およびソフトマターの物理関連
(2) 化学／物理化学，機能物性化学，無機・錯体化学，分析化学，無機材料化学，エネルギー関連化学およびその関連分野／32010 基礎物理化学関連
(3) 化学／有機化学，高分子，有機材料，生体分子化学およびその関連分野／37010 生体関連化学
(4) 化学／有機化学，高分子，有機材料，生体分子化学およびその関連分野／37020 生物分子化学関連
(5) 情報学／情報科学，情報工学，応用情報学およびその関連分野／60100 計算科学関連
(6) 情報学／情報科学，情報工学，応用情報学およびその関連分野／62010 生命，健康および医療情報学関連
(7) 生物系科学／分子レベルから細胞レベルの生物学およびその関連分野／43040 生物物理学関連
(8) 農学・環境学／農芸化学およびその関連分野／38040 生物有機化学関連
(9) 農学・環境学／農芸化学およびその関連分野／38060 応用分子細胞生物学関連

(10) 医歯薬学／薬学およびその関連分野／47010 薬系化学および創薬科学関連

(11) 医歯薬学／薬学およびその関連分野／47020 薬系分析および物理化学関連

※広めに挙げてみましたが，他に適切な審査区分がないわけではありません．たとえば光合成に関する分子の研究をしている場合には，「生物系科学／細胞レベルから個体レベルの生物学およびその関連分野／44030 植物分子および生理科学関連」といった審査区分も考えられるわけですが，今はひとまず置いておきます．

　この中から 1 つの審査区分を選ぶわけですが，キーワード表の中にそのものずばりな単語がある場合や，研究方法の特徴などで，簡単に決められる場合も多いでしょう．たとえば，

・原子の挙動についての数理的解析を行う研究→(1) 生物物理，化学物理およびソフトマターの物理関連

・生体膜内外の物質移動に関わるタンパク質の構造の研究→(7) 生物物理学関連

・計算機を使った新しい解析の方法論の研究→(6) 生命，健康および医療情報学関連

・分子の多体問題を扱った並列計算法の研究→(5) 計算科学

というような対応が考えられると思います．また，もし(1)と(7)で迷ったという場合に，書面審査セットを見て他の分野の審査員の可能性を考えるという手もあります．表2.5 に示した DC1 の書面審査セット（令和 3 年度版）によると，(1)の「生物物理，化学物理およびソフトマターの物理関連」では，半導体や超電導といった物性物理学分野の審査員が割り当てられますし，(2)の「43040 生物物理学関連」では分子生物学やゲノム生物学に関係する審査員が割り当てられることがわかります．数理がメインの研究を行う場合にはやはり(1)の方が適切そうに見えますが，(1)を選んだ場合は半導体や磁性物理の審査員が読むことも気にしながら書類を作る必要があるということになります．

表 2.5　DC1 の書面審査セット「数物系科学 3」と「生物系科学 1」

合議		書面	書面審査セット
数物系科学	33	物性物理学およびその関連分野	
		13010　数理物理および物性基礎関連	
		13020　半導体，光物性および原子物理関連	数物系科学 3
		13030　磁性，超電導および強相関系関連	
		13040　生物物理，化学物理およびソフトマスターの物理関連	
生物系科学	71	分子レベルから細胞レベルの生物学およびその関連分野	
		43010　分子生物学関連	
		43020　構造生物化学関連	
		43030　機能生物化学関連	生物系科学 1
		43040　生物物理学関連	
		43050　ゲノム生物学関連	
		43060　システムゲノム科学関連	

　また，少し消極的な選び方ですが，「化学」分野の人は比較的論文をたくさん出していることが多いため，化学系の(3)や(4)は避けて生物系の(7)を選ぶ，という方法も無くはないでしょう.

2.4　書類選考のプロセス

　書類選考がどのように行われるかは，「学振」ウェブサイトの選考方法のページ（https://www.jsps.go.jp/j-pd/pd_houhou.html）に掲載されています．以下に一部を引用します.

I.　特別研究員の選考方法　2.

　1 件の申請について，申請者が選択した審査区分に基づいて設定された書面審査セットに応じて，上記審査会の専門委員 6 人により書面審査を実施します.

　書面審査セットは審査区分に基づいて設定されていますが，適

切な相対評価ができるように，関連する審査区分を組み合わせて
グループ化しています．詳しくは，「審査区分表」ページ内の「審
査セット」の項目を参照してください．

　　また，6 人の書面審査員については，専門分野のバランス，各
審査員の所属機関が異なるようにする等，公平性に配慮しています．
審査区分の詳細については，「審査区分表」を参照してください．

　また，申請に関する Q&A のページ（https://www.jsps.go.jp/j-pd/pd_
qa.html）にも関連情報がありますので一部引用します．

Q6-1　書面審査を行う「審査セット」とは，どのようなものですか．

A6-1　書面審査セット（https://www.jsps.go.jp/j-pd/pd_sinsa-set.
html）とは，書面審査を行うためのグループです．

　審査は，申請者の審査区分に応じて行いますが，申請件数が少
ない審査区分については，適切な相対評価ができるように，関連
する審査区分を組み合わせてグループ化しています．

　このように各審査区分（又は，審査区分をグループ化したもの）
に，6 人の専門委員を割り当てたものを「書面審査セット」と呼ん
でいます．セット毎の専門委員については，専門分野のバランス，
各審査員の所属機関が異なるようにすることなど，公平性に配慮
しています．

　なお，審査セットは，毎年見直しを行っています．

　現在では書面審査セットごとの審査件数が非公開となっていますが，過
去には各審査セットごとに 30 〜 80 件程度になるように審査セットを組ん
でいることが明記されていました．ただし，審査員はおよそ 1400 名いると
いう情報があるので，総応募件数（3711＋5654＋1922）× 6 ÷ 1400 ≒ 48.4
となるため，単純計算でも 1 人あたり 50 件前後は審査する計算です．第 4

章でも触れますが，仮に1件の申請書の審査に15分費やすとすると，30件で7.5時間，80件だと20時間もかかってしまうことになります．実際に審査員がどのくらい時間をかけているかはわかりませんが，忙しい著名な先生方が名を連ねていますので，短い時間で頭に入るような，読みやすい申請書が好まれるのは間違いないでしょう（誤解してはいけないのですが，読みやすいということと専門的でないということは違います．分野外の審査員にもわかるように専門用語を多用しないことは重要ですが，あまりに専門性が感じられない申請書は迫力に欠けます）．

▌ 2.5　書面審査の採点方式

選考方法のページ（https://www.jsps.go.jp/j-pd/pd_houhou.html）に評価方法が掲載されています．

> Ⅰ. 特別研究員の選考方法　3.
>
> 　書面審査による評価は，①「研究計画の着想およびオリジナリティ」，②「研究者としての資質」について，それぞれの項目に対して，**絶対評価により5段階の評点**（5：非常に優れている，4：優れている，3：良好である，2：普通である，1：見劣りする）を付します．最終的に，上記の各項目の点数を踏まえて，総合的に研究者としての資質及び能力を判断した上で，**書面審査セット内での相対評価により5段階の評点**（5：採用を強く推奨する，4：採用を推奨する，3：採用してもよい，2：採用に躊躇する，1：採用を推奨しない）を付します．
>
> 　RPDについては出産・育児による研究中断のために生じた研究への影響を踏まえたうえで，この制度により研究現場に復帰した後の将来性等，総合的に判断した評価を行います．

これだけだと**5段階評価**ということしかわからないのですが，審査結果

で開示される情報の中に，もう少し詳しい評点付けの方法が記載されています．以下に引用します．

書面審査の評価方法

- ①〜②の項目評価は5段階の絶対評価で以下に従う．
    - 5　非常に優れている
    - 4　優れている
    - 3　良好である
    - 2　普通である
    - 1　見劣りする
- ③の総合評価は①〜②の項目評価をもとに総合的に判断した相対評価．各審査員は下記の比率（%）を目安に評点を付すこととしている．
    - 5　（10%）　採用を強く推奨する
    - 4　（20%）　採用を推奨する
    - 3　（40%）　採用してもよい
    - 2　（20%）　採用に躊躇する
    - 1　（10%）　採用を推奨しない

つまり，**6人の審査員から総合評価1〜5点をそれぞれつけられ，最低6点〜最高30点の間で序列がつけられる**ということです．合わせて，**総合評価Tスコア**（④の総合評価について，各審査員が担当した申請の全評点を偏差値処理し，平均3.0，標準偏差0.6となるように補正した値）がつけられます．これらの評点ですが，結果開示の際に，

- ・書類選考で採用内定または面接候補→Tスコアのみ
- ・書類選考で不採用→各評点とTスコア

がそれぞれ見られるようになります．次ページの図2.2，図2.3は平成28年度採用内定者の実際の審査結果画面です．

　また，不採用の場合の画面は図2.4のようになります．**各項目の平均点が示されていますので，6倍すれば生の合計点が計算できます**．また，不採用の場合，不採用者の中のおおよその順位として，

図 2.2　DC1 審査結果（採用内定の場合）

図 2.3　DC1 審査結果詳細画面（採用内定の場合）

不採用 A（不採用の中で上から 20% 以内）

不採用 B（上位 20%〜上位 50%）

不採用 C（上位 50% に至らず）

という順位が開示されます．図 2.4 の方は不採用 A だったということになります．

ところで，この T スコアにはさまざまな情報が詰まっています．詳細な計算方法はコラムに譲りますが，たとえば図 2.4 の申請者は，T スコアが 3.267 だったという情報から，

・上位 32.8% だった

ということが計算でわかりますので，

・申請者が 413 人なので 32.8% はおよそ 136 位

・一次採用内定と面接候補で 104 人なので，不採用者の中では 32 位

ということもわかります．

また，DC/PD の採用率を約 20% としたとき，合格ラインに必要な T スコアの値は約 3.50 と計算できるのですが，そこから

・合格ラインの平均評点は 3.914 点，合計で約 24 点必要

ということが計算でわかります．6 人の審査員から ¦4 / 4 / 4 / 4 / 4 / 4¦ 点を取らなければなりません（実際は面接候補者や内定辞退者を考慮して少し（1 点ほど）合格ラインを下げていると思われます．21 点を取った図 2.4 の申請者は不採用なので，この申請者はあと 1 〜 2 点あれば面接候補だったかもしれない，ということになります）．

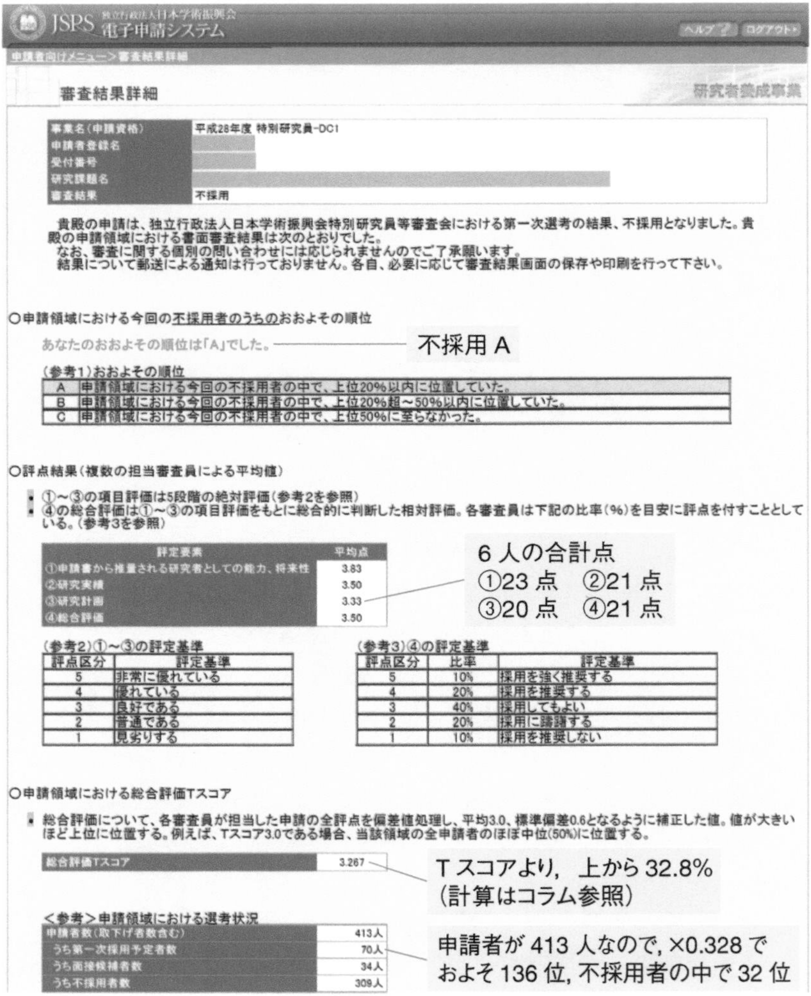

JSPS 独立行政法人日本学術振興会
電子申請システム

ヘルプ？　ログアウト

申請者向けメニュー＞審査結果詳細

審査結果詳細

研究者養成事業

事業名（申請資格）	平成28年度 特別研究員-DC1
申請者登録名	
受付番号	
研究課題名	
審査結果	不採用

　貴殿の申請は、独立行政法人日本学術振興会特別研究員等審査会における第一次選考の結果、不採用となりました。貴殿の申請領域における書面審査結果は次のとおりでした。
　なお、審査に関する個別の問い合わせには応じられませんのでご了承願います。
　結果について郵送による通知は行っておりません。各自、必要に応じて審査結果画面の保存や印刷を行って下さい。

○申請領域における今回の<u>不採用者のうち</u>のおおよその順位

あなたのおおよその順位は「A」でした。　——————　**不採用 A**

（参考1）おおよその順位
A	申請領域における今回の不採用者の中で、上位20％以内に位置していた。
B	申請領域における今回の不採用者の中で、上位20％超～50％以内に位置していた。
C	申請領域における今回の不採用者の中で、上位50％に至らなかった。

○評点結果（複数の担当審査員による平均値）

- ①～③の項目評価は5段階の絶対評価（参考2を参照）
- ④の総合評価は①～③の項目評価をもとに総合的に判断した相対評価。各審査員は下記の比率（％）を目安に評点を付すこととしている。（参考3を参照）

評定要素	平均点
①申請書から推量される研究者としての能力、将来性	3.83
②研究実績	3.50
③研究計画	3.33
④総合評価	3.50

6人の合計点
①23点　②21点
③20点　④21点

（参考2）①～③の評定基準
評点区分	評定基準
5	非常に優れている
4	優れている
3	良好である
2	普通である
1	見劣りする

（参考3）④の評定基準
評点区分	比率	評定基準
5	10％	採用を強く推奨する
4	20％	採用を推奨する
3	40％	採用してもよい
2	20％	採用に躊躇する
1	10％	採用を推奨しない

○申請領域における総合評価Tスコア

- 総合評価について、各審査員が担当した申請の全評点を偏差値処理し、平均3.0、標準偏差0.6となるように補正した値。値が大きいほど上位に位置する。例えば、Tスコア3.0である場合、当該領域の全申請者のほぼ中位（50％）に位置する。

総合評価Tスコア	3.267

Tスコアより，上から32.8％
（計算はコラム参照）

＜参考＞申請領域における選考状況
申請者数（取り下げ者数含む）	413人
うち第一次採用予定者数	70人
うち面接候補者数	34人
うち不採用者数	309人

申請者が413人なので，×0.328で
およそ136位，不採用者の中で32位

図 2.4 DC1 審査結果詳細画面（不採用の場合）
（※現在と評定要素の文言が異なります）

　Tスコアは平均3.0，標準偏差0.6の正規分布に従う値なので，Tスコアから①上位何%だったか，②合格ラインに必要なTスコア，③合格ラインに必要な総合評点の点数を計算することができます．①と②では統計解析のフリーソフトR（https://www.r-project.org）を使った計算を紹介します．

① Tスコアから上位何%だったかを計算

　Tスコアが3.614だったとき，上位何%だったかを確認します．これは正規分布の累積確率分布関数 pnorm を使うと計算できます．求めるのは分布の上側確率になるので，lower.tail=FALSE を付けます．

```
> pnorm(3.614, mean=3.0, sd=0.6, lower.tail=FALSE)
[1] 0.1530751
```

→上位15.3%だったことがわかります．

　Tスコアが3.267の場合は，同様にして

```
> pnorm(3.267, mean=3.0, sd=0.6, lower.tail=FALSE)
[1] 0.3281599
```

→上位32.8%だったことがわかります．

② Tスコアの合格ライン（DC/PD採用率20%とする）を計算

　正規分布の確率分布関数の逆関数 qnorm を使います．

```
> qnorm(0.2, mean=3.0, sd=0.6, lower.tail=FALSE)
[1] 3.504973
```

→学振合格ラインのTスコアは約3.5であることがわかります．

③ Tスコアから総合評価の点 S への換算

　（審査員1人あたりの）総合評価の点 S の平均 μ と分散 σ^2 は，各審査員がきちんと1：2：4：2：1で点数付けしていると仮定すると，

$$\mu = \sum_{k=1}^{5} S_k p_k = 1 \cdot 0.1 + 2 \cdot 0.2 + 3 \cdot 0.4 + 4 \cdot 0.2 + 5 \cdot 0.1 = 3$$

$$\sigma^2 = \sum_{k=1}^{5}(S_k - \mu)^2 p_k = 1.2, \quad \sigma = \sqrt{1.2}$$

となり，平均3.0，標準偏差0.6になるように偏差値処理を行うと，

$$T = \frac{0.6(S - \mu)}{\sigma} + 3.0$$

$$\therefore \quad T = \frac{0.6(S - 3)}{\sqrt{1.2}} + 3.0 \approx 0.548S + 1.357$$

という換算式（$S \rightarrow T$）ができます．これを S について解けば，

$$\therefore \quad S = \frac{\sigma(T - 3)}{0.6} + \mu = \frac{\sqrt{1.2}(T - 3)}{0.6} + 3 \approx 1.826T - 2.477$$

という換算式（$T \rightarrow S$）もできます．

　合格ライン 20% から必要な T スコアは $T = 3.5$ なので，1 人あたりの平均評点は $S = 1.826 \times 3.5 - 2.477 = 3.914$ 点，合計で約 24 点必要であることがわかります．6 人の審査員から，おおよそで「4 / 4 / 4 / 4 / 4 / 4」を取る必要があるということがわかりますね．

コラム　面接選考について

　令和 2 年度申請までは，第 2 次選考を面接で行っていました．以下は過去に行われていた面接選考のお話です．

　面接選考は，DC/PD のおおよそボーダーラインに位置すると思われる申請者と，PD の上位採用内定者（SPD 候補者）に対して行われていました．パワーポイント等のスライドを投影してのプレゼンテーション形式で実施されていました．

　DC/PD の面接では 1 人 10 分以内（発表 4 分，質疑応答 6 分以内），SPD 候補者は 1 人 20 分以内（発表 8 分，質疑応答 12 分以内）となっており，問われることはこれまでの研究業績と，申請者のアイデアやオリジナリティーを含めた今後の研究計画でした．ただし DC/PD は申請書提出後の研究進捗状況や研究業績などについ

ても質問されることがありました. 場所は, 日本学術振興会のある麹町ビジネスセンター（東京都千代田区麹町 5-3-1. 四ツ谷駅より徒歩 5 分）で行われています.

　図 2.5 に筆者が面接候補になって面接選考を受けた時（平成 23 年度申請）の配置図を載せました. また, 図 2.6 に平成 27 年度の SPD 面接の配置図を載せました. 審査員の数は違いますが, ほぼ同じ配置で行われていたようです.

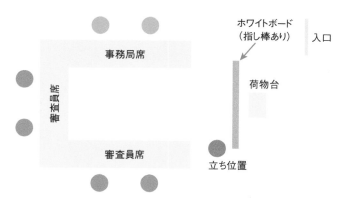

図 2.5 平成 23 年度申請時の面接での配置図. 当時は A0 横サイズのポスターをホワイトボードにマグネットで貼ってプレゼンをしていた.

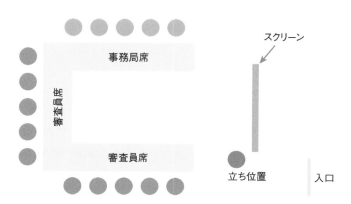

図 2.6 平成 27 年度 SPD 面接での配置図. 審査員は 10 人, 学振事務は 5 人いたとのこと.

2章の関連情報（URLは変更の可能性があります）

- ●書面審査セットについて https://www.jsps.go.jp/j-pd/pd_sinsa-set.html
- ●審査会専門委員の表彰
  https://www.jsps.go.jp/j-pd/pd_senmonhyosho.html
- ●選考方法のページ　https://www.jsps.go.jp/j-pd/pd_houhou.html
- ●申請に関するQ&A　https://www.jsps.go.jp/j-pd/pd_qa.html
- ●統計解析フリーソフトR　https://www.r-project.org

コラム 「学振」採用者に聞いてみた　その1

　本書では著者の体験や伝聞に基づいたノウハウを記載していますが，人には人の意見がありますので，やはりいろいろな経験者の方の話を知っておくのは大変重要です．コラム【「学振」採用者に聞いてみた】シリーズでは，「学振」を実際に獲得された方々から語っていただいた体験談をご紹介します．なお，実際の申請書もp.179で紹介します．

回答して頂いた方：余越 萌（よこしもえ）さん
東京大学 定量生命科学研究所 助教
平成26年度 DC1（医歯薬学／基礎医学／病態医化学）採用

――――学振特別研究員申請で工夫したことを教えてください

<u>何回も推敲する</u>

　私が恵まれていたのは，研究室の教授が親身になって私の申請書と向き合ってくださり，計5往復の推敲を重ねることができたことです．そのやり取りの中で，申請書の書き方を一から学ぶことができました．教授でなくても，直接の指導教員の先生や先輩，同期の学生，分野の異なる友人など，色んな人から評価をもらうことで，自分では気づかなかった盲点を発見できます．

<u>早めに書き始める</u>

　私は自分の文章力に不安を感じていたので，締切の3ヶ月前か

ら書き始めました．締切直前に書き始めるのはオススメしません．最低でも，締切1週間前には一端書き終えるぐらいの余裕があるほうがよいと思います．個人的には，一度書き終えた後，数日寝かせた上で再度確認すると，前には気づかなかった修正点が見えてくるのでオススメです．また，申請書を声に出して音読することも有効だと思います．

空白は罪

今まで他の方の申請書を読む機会がありましたが，空白が目立つものや，大きい文字（11 pt）を使用している場合，そんなに書くことが無いのかな？　と疑いの目で見てしまいました．私は，空白は極力減らして10 ptの文字を使用しました．審査員の方に「伝えたいことがありすぎて申請書のスペースでは足りません！」くらいの情熱をアピールしましょう．

最初の一行が勝負

出だしの良し悪しで，その申請書を最後まで読んでくれるかが決まるといっても過言ではないと思います．悪い例としては，「分子XはRNA代謝制御因子として知られており，近年，神経系における重要性が認識されつつある」のように，最初から自分の興味対象である分子Xについて述べてしまうことです．社会的なインパクトを協調し，「神経変性疾患は，高齢化社会の到来により今後ますます患者数が増加すると考えられ，病態解明と治療法確立が社会的に強く望まれている．これまで申請者は，分子XがRNA代謝制御因子として，複数の神経変性疾患の病態に深く関与していることに着目し，研究を行ってきた．」のように大局的観点から述べるようにしました．

強調部分を読むだけで要点がわかるようにする

私は，強調表現として太い下線を使用し，下線部分を読むだけで言いたいことが伝わるように心がけました．ただし，下線の引きすぎは逆に読みにくくなってしまうので注意が必要です．

専門用語には注釈をつける

　自分の研究をよく知る審査員に当たる可能性はほぼないため，専門外の人でも伝わるように，できるかぎり一般的な表現を使い，専門用語を使用する場合は注釈をつけるようにしました．

（例）「全長の mRNA はエンドヌクレアーゼによって内部で切断される」→「全長の mRNA は RNA 分解酵素の一種エンドヌクレアーゼによって内部で切断される」

「特色と独創的な点」は最も時間をかけて推敲する

　申請書の中で一番力を入れたほうがよい項目だと思います．たまに，「当研究室は Y 遺伝子のノックアウトマウスを保有しており，本提案研究を遂行する上で大きな利点となる」のようなラボ自慢が書かれているケースがありますが，材料や機材は特色ではありません．自分の研究領域に関わる論文を引用しつつ（自分の研究ばかり強調する申請書も印象が良いとはいえないですが），他の研究と何が異なるのか差別化することが重要です．自分の研究のデザインやアイデアの独創性・新規性を強調することが大事であると思います．

――――学振 DC の良かった点と不満な点を教えてください

良かった点

　比較的業績が少ない方だったと思うのですが，おそらく研究内容を評価していただき，DC1 をいただけたことは大変良かったです（面接組でしたが）．

不満な点

　電子申請になって申請書がモノクロになり，若干申請書を書くのが難しくなったと思います．カラーの方が作成しやすいです．また，PD や RPD では一部認められていますが，DC でも専門学校の非常勤講師などの教育歴につながるような仕事を，限定的でもよいので（月 10 時間以内とか）許容してほしいです．

（著者注：現在では兼業の制限が緩和されています）

Chapter

3

申請書の書き方

3.1 「学振」の審査基準

　いよいよ申請書の中身に入っていきたいと思います．しかし，その前にまず「学振」の募集要項（https://www.jsps.go.jp/j-pd/pd_sin.html）を確認しましょう．募集要項をよく読んでみると，どのような人を採用するかという審査方針が書かれています．以下に引用します．

DC審査方針

① 自身の研究課題設定に至る背景が示されており，かつその着想が優れていること．また，研究の方法にオリジナリティがあり，自身の研究課題の今後の展望が示されていること．
② 学術の将来を担う優れた研究者となることが十分期待できること．

PD審査方針

①〜②は DC と共通．
③ 博士課程での研究の単なる継続ではなく，新たな研究環境に身を置いて自らの研究者としての能力を一層伸ばす意欲が見られること．
④ やむを得ない事由がある場合を除き，大学院博士課程在学当時（修士課程として取り扱われる大学院（博士課程前期は含まない）の所属大学等研究機関（出身研究機関）を受入研究機関に選定する者，及び大学院博士課程在学当時の学籍上の研究指導者を受入研究者に選定する者は採用しない．

　ざっくりいうと「良い研究計画を考えた優秀な人」が採用されるということです．ですが，その人が優秀かどうかは証拠がないとふつうはわかりませんよね．審査する側にとって重要証拠となるのが，「学振」の申請書なのです．A4 でたった 7，8 ページ弱の書類で，あなたが優秀であることを証

明する必要があります（DC は全体で 9 ページですが，最初の 2 ページは申請者の情報などを入力するだけなので実質 7 ページです．PD は全体で 10 ページですが，同様に最初の 2 ページは申請者情報等の入力なので実質 8 ページ．意外と少ないと思いませんか？）．

3.2 「良い申請書」とは？

申請書はあなたが優秀であることの証拠書類です．「良い申請書」とひとくちにいってもどんな申請書が「良い」のか難しいのですが，「学振」の申請書の場合は，**審査方針**が定められていますので，割とわかりやすいです．審査方針を拝借すれば，

- ・学術の将来を担う優れた研究者になりそうだということが伝わる申請書
- ・研究計画の着想が優れていてオリジナリティが伝わる申請書
- ・研究計画を遂行できそうだということが伝わる申請書
- ・研究計画の準備状況が伝わる申請書
- ・研究計画が具体的であることが伝わる申請書
- ・研究遂行力を示唆する能力・業績が伝わる申請書

が「良い申請書」です．**キーワードは「伝わる」**です．審査員に伝わらなければ，いくら計画がすばらしくてもそれは「良い申請書」ではありません！ 審査員に伝わるためにはどうしたらよいかというと，「わかりやすく，読みやすく」書くことが大変重要です．

いやいや，研究内容がすばらしければ問題ないでしょと思った人，残念ながらそうはいきません．第 2 章にも書きましたが，審査員 1 人あたり 80 件くらいの申請書を読んでいるのです．あなたが審査員になったつもりで，少し想像してみてください．

ついに学振から DC1 の審査書類が送られてきました．宅配便で，A4 の紙束が 800 ページ分くらい入っているようです．ダンボールを開けるのも憂鬱です．学内仕事に研究に忙殺され，気づけば審査の締切まであと 1 週間．やっとのことで 80 人分の書類を取

り出して机の上に置きました———

　さてどうしようか．今日も2時間後には会議だから，まずは1時間でA/B/Cの3段階くらいに振り分けておくか．とりあえず業績を見て…なるほど，論文はないけど学会発表は2回か．これまでの研究は…ふむふむ，なかなか小奇麗にまとまってるじゃないか．とりあえずAグループ，と．次は，査読付きが1本あるな．頑張ってるじゃないか．だが文字が多すぎて読む気がしないな…とりあえずBグループにしておくか．次は…論文はないが海外で発表しているのか．ん，コンマ（,）と読点（、）が混じってるぞ…よく見ると誤字もあるな…この分だと他のページも期待できないな．まぁCグループに置いておくか．

　この話は審査の経験などまったくない筆者の単なる無礼な妄想ですので，懇切丁寧に審査をしてくださっている審査員の先生方がこの本を読んでいないことを期待するのですが（大変失礼しました），実際はあながち外れていないのでは，と思っています．審査員を引き受けてくださる著名な先生方には，80人分の書類を，丁寧に細部まで読み取って理解するという時間は無いに等しいでしょう．もちろん，審査を引き受けたということは，この国の将来を担うかもしれない優秀な若者を応援したいという気持ちであると思いますので，しっかり時間を割いて審査してくれると確信していますが，やはり数の問題は大きいです．短い時間でスッと頭に入ってくる申請書の方が良いに越したことはありません．

　「伝わる」申請書を書くためにはコツがあります．実際の申請書を眺めながら，どうやったら「伝わる」か，そして「良い申請書」になるか，これから考えていきましょう．

■ 3.3　申請書には何を書くのか？

　さて，肝心の申請書に書くことを説明します．申請書の構成はこのようになっています．

> 申請書の構成
>
> ・申請書情報（日本語）
> 　　1. 申請者情報等
> ・申請内容ファイル（日本語または英語）
> 　　2.【研究計画】
> 　　　　(1) 研究の位置づけ　　→ 3.4 節
> 　　　　(2) 研究目的・内容等　　→ 3.5 節
> 　　　　(3) 受入研究室の選定理由（PD のみ）　　→ 3.6 節
> 　　3. 人権の保護及び法令等の遵守への対応　　→ 3.7 節
> 　　4.【研究遂行力の自己分析】　　→ 3.8 節
> 　　5.【目指す研究者像等】　　→ 3.9 節
> ・評価書（DC は 1 名分，PD は 2 名分）

　最初の『1. 申請者情報等』は，ウェブの電子申請システム上でポチポチと入力していくだけでできるものです．申請者の略歴や研究課題名，審査区分などもここで入力しますので，順番的には最後に作るものになるでしょう．学生の皆さんはあまり聞き慣れない「研究者番号」というものが，現在の受入研究者と採用後の受入研究者それぞれで必要になりますので，あとで慌てないように早めに聞いておくようにしましょう（研究者番号についての詳しい情報は，府省共通研究開発管理システム〔e-Rad　http://www.e-rad.go.jp/kenkyu/system〕などを参照してください）．

　申請内容ファイルで，この本の主題ともいえる申請書の中身について書いていきます．いくつかの項目に分かれていますが，基本的にはこれから特別研究員の 2 年ないし 3 年の期間でどのような研究を行うかという計画について書くことになります．

　今まであまり申請書を書いたことがない人にはピンとこないかもしれませんが，**この手の申請書には鉄則があります**．それは，「**言われた通りに書く**」ということです．それぞれの項目については次から説明していきますが，この申請書の構成や，中身で書くことについては，申請者が優秀であ

るかどうかを判断するために学振が苦慮して定めていることですので（年々書式が改良されていることからもうかがえます），それに従って言われた通りに書きましょう．

3.4 『2.【研究計画】(1) 研究の位置づけ』

ここからは申請内容ファイルを見ていきます．まずは『2.【研究計画】(1) 研究の位置づけ』です．DC も PD も A4 用紙 1 ページ分となっています．実際の申請内容ファイルを見てみますと，図 3.1 のような但し書きが書い

2.【研究計画】※適宜概念図を用いるなどして、わかりやすく記入してください。なお、本項目は1頁に収めてください。様式の変更・追加は不可。
(1) 研究の位置づけ
　　特別研究員として取り組む研究の位置づけについて、当該分野の状況や課題等の背景、並びに本研究計画の着想に至った経緯も含めて記入してください。

図 3.1　2.【研究計画】(1) 研究の位置づけ（DC, PD 共通, 1 ページ）

てあります．

この但し書き，超が 20 個つくぐらい重要です．わざわざ但し書きが書いてあるということは，この通りに書いて下さいねという学振からのお達しなのです．いったいどういうことなのか，図 3.2 に示しました．

暗に意図されていることを挙げてみるとこのようになります．基本は「伝わる」ように書くということなので，わかりやすいことは前提です．わかりやすく記述するためには図表は不可欠です．わざわざ「概念図を用いるなどして」と書かれていますので必ず入れましょう．また「当該分野の状況や課題等の背景...」とわざわざ記載し，これらの項目について書いてほしいといっているのだから書くわけですが，どこに分野の状況が書かれているか，どこに課題が書かれているか，どこに着想に至った経緯が書かれているかがすぐわかる方が，読む人にとっては優しいです．

1つ悪い例のサンプルを見てみましょう．図 3.3 は筆者が修士 2 年の頃に

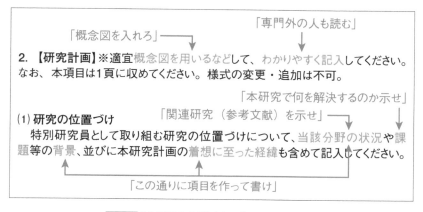

図3.2 (1) 研究の位置づけで求められていること

DC1 申請を志して最初に作った申請書原稿を，令和4年度スタイル風にしてみたものです．

どこがダメかわかりますね．図3.3 にも直接コメント書きを入れましたが，一応項目を立てているものの，どこに分野の状況や着想に至った経緯などがあるかひと目ではわかりません．しっかり読み込む必要がありますので，80 人分の申請書を前にした審査員にしてみればちょっと辛いと思うかもしれません．

このように読みたくなくなるような申請書を筆者も最初は書いていました．修士2年ではじめて申請書に向き合ったわけなので仕方ないかもしれませんが，これでは通りません．指導教員のアドバイスも借り，最終的にどうなったかというと図3.4 のようになります（紙面の都合により，実際の申請書とは1行あたりの文字数や図の配置が異なります．実際の申請書サンプルは p.141 を参照してください）．

この図3.4 の申請書のもとになったものは，筆者が第1次審査の結果第2次審査に割り振られたもの（当時は面接候補と呼ばれていました）なので，あまりえらそうなことはいえませんが，それでも基本はおさえてあるつもりです．文字びっしりの申請書は読む気があまりおきませんが，このように**図や箇条書き，項目ごとに何が書かれているかをわかるようにしてあると**，それだけで読みやすくなってきます．さらに箇条書きなどを駆使することで，自然と紙面に空白が生まれます．この**適度な空白も読みやすさに一役買っ**

2.【研究計画】※適宜概念図を用いるなどして、わかりやすく記入してください。なお、本項目は1頁に収めてください。様式の変更・追加は不可。

(1) 研究の位置づけ

特別研究員として取り組む研究の位置づけについて、当該分野の状況や課題等の背景、並びに本研究計画の着想に至った経緯も含めて記入してください。

研究の位置づけ　タンパク質間相互作用（Protein-Protein Interaction: PPI）の理解は、細胞システムの理解や構造ベース創薬に重要な課題であり、計算機による網羅的予測手法の確立が求められている。PPI とは、生体内のタンパク質〔…〕ことによって機能の促進・抑制や新たな機能獲〔…〕内で〔…〕れるタンパク〔…〕関係に〔…〕病因の解明〔…〕れてい〔…〕学的実験手法が用いられているが、計算機によ〔…〕数のタンパク質群の PPI を、人的コストを〔…〕きる〔…〕が限られていた時代においては、実験手法に比〔…〕は価値のないものであったと思われるが、数千から数万 CPU コアが比較的自由〔…〕ステムを前提とすれば、むしろどのような実験よりも遥かにコストが小さく、PPI 解〔…〕る基本的なスクリーニング手法になると考える。〔…〕徴である立体構造のデータは未だ十分な活用をされているとは言えず、構造情報〔…〕求められている。このような状況のもとで、本研究では、多数の立体構造情報を〔…〕の考案に先立ち、高速に計算可能なタンパク質ドッキングシステム MEGADOCK〔…〕PPI 予測に応用していくことを目的とする。

　1 組のタンパク質ペアの解析には数日ほどの計算時間が必要となるため、本研究の目的とする多対多の解析〔…〕。私は比較的計算〔…〕タンパク質ドッキ〔…〕存のドッキングソフ〔…〕ング計算の研究には広く用いられていたが、本研究の想定するような大規模計算には向かない計算時間がかかるものであった。その理由は評価関数に〔…〕ドッキング部位予測の精度向上を目的として、表面形状以外にも様々な物理化学的相互作用を考慮した複雑な評価関数を用いていた。私がこれまでに提案した real Pairwise Shape Complementarity (rPSC) とよばれる評価関数は、より短時間での計算を可能とする。

[注釈: 項目に従っていない。問題点なども文中に含んでいるが、すぐに探せない]

[注釈: 論文では丁寧にイントロを語る必要があるが、申請書では背景をもう少し簡潔に述べたい。]

[注釈: 当該分野の状況を語るための参考文献が挙げられていない]

[注釈: 図はあるが本文中からの参照がない]

[注釈: 文がみっちりでどこが大事なのかわかりにくい。そろそろ読みたくなくなる頃。]

[注釈: 本研究の位置づけは何か言い切ってほしい]

[注釈: これまでの成果があるのに伝えられていない]

[注釈: 結局着想に至った経緯は何？]

P1 P2 P3 P4 … P1000

図1　網羅的 PPI 予測の概略

図3.3　DC1 申請書のダメな例（筆者が平成 23 年度申請を志して最初に第 1 稿として作成した原稿をもとに、令和 4 年度申請様式に直したもの）

ているのです。筆者はデザインには疎いのですが、広告デザインなんかにはうまく空白が活かされていますよね。

　ところで、『(1) 研究の位置づけ』のところでは、**当該分野の状況**という言葉があります。分野の状況を語るためには、関連する研究事例を調べて動向を示さないといけないので、**いくつかの参考文献を必ず挙げることになります**。実はこの参考文献とともに動向を語れるかは、審査員が「申請者に研究者としての能力がありそうかどうか」を見るための 1 つの指標となっています。研究というものは、「巨人の肩の上に立つ」といわれるように、先人の積み重ねた発見の上に立って新たな発見を成し遂げることにほかな

(DC 申請内容ファイル)

2.【研究計画】 ※適宜概念図を用いるなどして、わかりやすく記入してください。なお、本項目は1頁に収めてください。様式の変更・追加は不可。

(1) 研究の位置づけ
特別研究員として取り組む研究の位置づけについて、〔…〕並びに本研究計画の着想に至った経緯も含めて記入してください。

【吹き出し】申請者がナニモノか、まず明らかにするテクニック

【吹き出し】研究課題名(に似た文言を)ここでも言うテクニック

タンパク質間相互作用研究の状況
　私は、計算機を用いて生命科学の問題を解くバイオインフォマティクスの研究を行っており、特別研究員として<u>タンパク質間相互作用（Protein-Protein Interaction, PPI）の大規模計算による予測</u>という問題に取り組む計画〔…〕タンパク質が互いに結合などの相互作用をする〔…〕抑制や新たな機能の獲得が行われる現象である。PPI の変調が原因である疾病も存在し、タンパク質が相互にどのような制御関係にあるかを理解することが、病因の解明や薬剤の設計において注目されている [1]。特に近年では大規模〔…〕明しようとする研究が盛んに行われるようになっ〔…〕羅的な PPI 予測の概略検出法〔…〕をはじめとする生〔…〕ある。〔…〕れ続けており、<u>実験コストは増加する一方であるため、計算機による</u><u>PPI 予測手法、特に多数のタンパク質群に対する網羅</u>〔…〕[2]。

【吹き出し】但し書きに沿った項目

【吹き出し】箇条書きで読みやすさ up.3 つの課題があることが見ただけでわかる

【吹き出し】課題や問題点は、否定的な言葉や「～～でない」といった文調にする.

当該分野の課題
　計算機による PPI 予測手法の現状の課題を挙げる。
1. タンパク質配列情報と既知の相互作用情報に基づいた教師あり学習による予測手法が多く提案されて〔…〕だが、これらの手法は<u>既知 PPI の類似配列に囚われるため、新奇の PPI の発見が困難である。</u>
2. 〔…〕学法などの分子シミュレーション手法を利用した PPI 予測手法も提案〔…〕学法では〔…〕タンパク質〔…〕から数週間の〔…〕ない。
3. タンパク質を剛体と仮定するドッキング計算を用いることで計算時間を削減できる。代表的なソフトウェアにマサチューセッツ大の Weng らが開発した ZDOCK[5]があり、<u>1 組のペアの予測が数時間レベル</u>で行える。しかし<u>この計算時間では、網羅的な PPI 予測に利用するにはまだ現実的ではない。</u>

【吹き出し】着想に至った経緯として修士課程までの成果をアピール

【吹き出し】状況を語るための重要文献を挙げる(著者名や大学名を入れるのもアリ)

本研究計画の着想に至った経緯
　私は修士課程の研究で、タンパク質の立体構造を剛体モデルとして計算する<u>ドッキング計算を高速化する</u><u>研究を行ってきた。</u>従来は複素数で表現されていた形状〔…〕新たな形状相〔…〕e Shap〔…〕目のオープンソースソフトウェア MEGADOCK として実装した。〔…〕これにより、ZDOCK の約 4 倍の計算高速化を達成した（査読付論文誌 投稿中[6]）。しかしながら、創薬のターゲットとなるような PPI には、立体構造が分かっていないものや、構造的な揺らぎを持つものも多く存在するため、そのようなタンパク質も扱えるようにする必要があると考えた。また、<u>生体内の PPI ネットワーク解析のためには、さらに数千倍以上の計算</u>

【吹き出し】投稿中論文などのアピール

【吹き出し】図や箇条書き、項目立てによって生まれる余白→読みやすさの向上

図3.4 DC1 申請書の良い（？）例（筆者が平成 23 年度申請で最終稿としたものをもとに、令和 4 年度申請様式に直したもの）

りません．分野の状況には，研究計画を考案したきっかけや礎となった先人の研究が存在しているはずで，そのことをきちんと理解しているかどうかが問われているわけです．あなたの行う研究が，正しく現状の課題を解決する方向に向かって進むのか，はたまた単なる妄想やすでに解決している課題にすぎないのかが，参考文献リストを見るとある程度わかるように

なっているのです．若くて斬新な発想で夢を大いに語って欲しいのですが，妄想の垂れ流しになってしまわないように気をつけましょう．

　ちなみに，この参考文献欄は業績アピールにも使えます．後の『4.【研究遂行力の自己評価】』の欄では，成果物として論文等を記載する場合には「査読のある場合採録決定済のものに限ります」という決まりがありますが，『2.【研究計画】』ではそういう決まりはありません．つまり，「**以上の成果は査読付論文誌に投稿中である [3]」（[3] 学振太郎，タイトル，雑誌名（投稿中））などと書いて，論文はまだ出てないけど投稿までは漕ぎ着けたんだとアピールしてもよいわけです**．効果のほどはわかりませんが，ないよりマシだと思うので積極的に活用しましょう（業績アピールについては 3.8 節や 4 章も参照のこと）．

3.5 　『2.【研究計画】(2) 研究目的・内容等』

　続く『2.【研究計画】(2) 研究目的・内容等』は，2 ページ分の項目になっています（図 3.5）．DC/PD に採用された後に行う 2 〜 3 年分の研究の話を書くことになりますので，まだ始まっていない未来の話を語るわけです．

2.【研究計画】(続き) ※適宜概念図を用いるなどして、わかりやすく記入してください。なお、各事項の字数制限はありませんが、全体で 2 頁に収めてください。様式の変更・追加は不可。

(2) 研究目的・内容等
① 特別研究員として取り組む研究計画における研究目的、研究方法、研究内容について記入してください。
② どのような計画で、何を、どこまで明らかにしようとするのか、具体的に記入してください。
③ 研究の特色・独創的な点（先行研究等との比較、本研究の完成時に予想されるインパクト、将来の見通し等）にも触れて記入してください。
④ 研究計画が所属研究室としての研究活動の一部と位置づけられる場合は、申請者が担当する部分を明らかにしてください。
⑤ 研究計画の期間中に受入研究機関と異なる研究機関（外国の研究機関等を含む。）において研究に従事することも計画している場合は具体的に記入してください。
※PD では、④が「共同研究の場合には、申請者が担当する部分を明らかにしてください。」となる

図 3.5　2.【研究計画】(2) 研究目的・内容等（2 ページ）

まだやっていないことや将来の計画なんて具体的に書くのは無理だと思う人もいると思いますが，ここでどれだけ現実味を感じさせられるかが勝負になります．ここでも，基本的に書くべきことはすべて但し書き（図3.5）に書いてくれていますので，「言われた通りに書く」という鉄則を守ることが重要です．すべて項目立ててわかりやすくまとめましょう．

以下，①～⑤について，かいつまんで解説します．

①研究計画における研究目的，研究方法，研究内容

研究計画によって達成する目的や，研究の内容について記述します．『(1) 研究の位置づけ』で示した当該分野の課題に対応する形で書くと，目的意識がはっきり示せるでしょう．ここでは必ず概念図を入れるようにします．概念図で，どのような研究を行うのかを視覚的に説明しましょう（例を図3.6に示しました）．ここからの2ページを読み進めるのを助ける図になっていることが重要です．

図3.7に書き方の例を示しました．決まった研究方法（実験プロトコル等）に沿って結果が得られる見込みがあるなら，具体的な方法名なども記載していきましょう．具体的にしていくと，研究計画に信憑性が生まれます．研究内容は複数のサブ項目を用意して記載すると，いつ何をやるのかという研究計画との対応が取りやすくなります．分野によっては，研究方法と研究内容を明確にわけないほうが，わかりやすく書けるかもしれません．だいたい1ページ目の半分～7割くらいで書ききれるのが理想です．

②どのような計画で，何を，どこまで明らかにしようとするのか

ここでは2年間または3年間の計画を記載していきます．但し書きにもあるように，「具体的」に記載することが重要です．①で書いた研究内容を，実施時期とともに詳細に説明していく感じで書きましょう．本研究で示すこと・達成すること・明らかにすることを，「～を示す」「～を達成する」「～を明らかにする」といった語尾ではっきりと明示することも重要です．

また，特別研究員の採用までには申請書提出から10ヶ月ほどありますので，その採用前の期間で行う準備なども記載しましょう．この②の欄で，だいたい1ページ分くらいを費やすことになると思います（図3.8）．

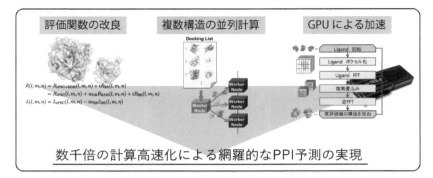

数千倍の計算高速化による網羅的なPPI予測の実現

図 3.6　概念図の例

【研究計画】（続き）※適宜概念図を用いるなどして、わかりやすく記入してください。なお、各事項の字数制限はありませんが、全体で2頁に収めてください。様式の変更・追加は不可。

(2) 研究目的・内容等

① 特別研究員として取り組む研究計画における研究目的、研究方法、研究内容について記入してください。

② どのような計画で、何を、どこまで明らかにしようとするのか、具体的に記入してください。

③ 研究の特色・独創的な点（先行研究等との比較、本研究の完成時に予想されるインパクト、将来の見通し等）にも触れて記入してください。

④ 研究計画が所属研究室として　　但し書きに沿った見出し　　申請者が担当する部分を明らかにしてください。

⑤ 研究計画の期間中に受入研究機関と異なる研究機関（外国の研究機関等を含む。）において研究に従事すること　　概念図を載せる　　具体的に記入してください。

① 研究目的、研究方法、研究内容

研究目的　本研究では、<u>MEGADOCK による</u><u>タンパク質ドッキング計算の 1000 倍以</u><u>上の高速化を達成し、タンパク質の構造情</u><u>報を利用した大規模 PPI 予測を行うことを</u>目的とする。　最初に目的を端的に述べる　生物系への応用を目指す。

研究方法・研究内容　以下の 4 つの項目に従って研究を実施する（図2）。

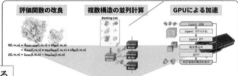

数千倍の計算高速化による網羅的なPPI予測の実現

図 2　本研究の実施項目(1)〜(3)の概要

項目(1)　剛体グリッドモデルにおける構造探索の評価関数を簡素化し、<u>精度を維持しつつも高速に計算可</u>能な　研究内容を項目分け　。1 つの複素関数に 3 つの物理化学的効果の項を含む独自の評価関数　して記載する　（図3）。

項目(2)　ネッ　　　　　　　　　　測を行うためには大量の計算を迅速に行う必要がある。複数構造の並列計算を行うために、大規模並列計算機で計算を行うための効率的な並列実装を行う。

項目(3)　近年では GPU アクセラレー　固有名詞があるなら　なりつつある。CU　固有名詞があるなら　行い、<u>GPU による 10 倍以上</u>　記載する　実装の対象は東工　記載する　タ TSUBAME 2.0 とする。

項目(4)　タンパク質構造データベースから構造情報を取得し、パスウェイデータベースの情報と組み合わせて<u>新規 PPI の検出</u>を試みる。PPI の関係性がよく知られているバクテリア走化性シグナル伝達ネットワークや、未知の PPI が数多く存在すると考えられるヒトアポトーシスシグナル伝達ネットワークを対象とする。

図 3.7　2.(2) 研究目的・内容等 ①の例

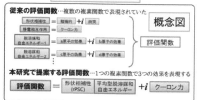

② どのような計画で，何を，どこまで明らかにしようとするのか

項目(1)　精度を維持したまま計算時間の削減を可能とする新規評価関数の提案（採用前～2 年目前半）

〔但し書きに沿った見出し〕

修士課程で概算した実数のみで形状相補性を表現する rPSC モデル [6] を活用し，静電相互作用（クーロ〔いつ実施するのか〕エネルギー項を追加する（図3）。このとき，〔①で挙げた項目との対応〕対のエネルギー

分子表面に対して平均化〔具体的な研究の計画〕和演算を大幅に減らすこ〔数値目標〕

従来法 ZDOCK [5] と比較して，同じ計算資源下で最大 10 倍の計算高速化を図る。平均化した値を用いることによる予測精度の低下の可能性があるが，その場合は 50 件以上の PPI によるベンチマークデータセットを用い，rPSC も含むパラメータの探索を再実施して最適なパ〔具体的な研究の計画〕低下を極力抑える。

項目(2)　大規模並列計算機向けの並列実装（1 年目～2 年目前半）

「京」や TSUBAME はコア数に対する〔達成目標（マイルストーン）を，具体的な値とともに示す（達成できなかった場合にどうなるのか，代替案があるのかも書くと良い）〕ード内で同時実行するとメモリが枯渇OpenMP によるノード内スレッド並列化あると考えられ，実際に実装して確認す以上の並列化効率を目標とする。

項目(3)　CUDA による GPU 実装（2 年目前半～後半）

TSUBAME に搭載されている GPU を活用するため，CUDA による GPU 実装を行う。2 つのタンパク質のうち片方の構造の回転に対するループを GPU スレッドに割り当てることで，迅速に計算が可能であると考えられる。MEGADOCK は高速フーリエ変換（FFT）の汎用ライ〔数値目標〕するが，CUDA 内の CUFFT ライブラリを使うことで計算が可能である。今後の GPU の性能向上が，CPU 利用時に比べて Tesla M2050 GPU 利用時に約 20 倍程度の高速化を目指す。

項目(4)　パスウェイデータベースの情報から新規 PPI を予測する（3 年目前半～後半）

項目(1)～(3)が想定通りに完了した場合，TSUBAME の 100 ノード同時計算により 1800 倍前後の高速化が達成される新たな PPI 予測ソフトウェア MEGADOCK が開発されることになる。これは 1 日で約 4 万ペアの PPI が予測できる速度であり，これによりネットワークレベルの計算が可能となる。この MEGADOCK を用いて、新規 PPI の予測を実際に行う。

タンパク質構造データベースからバクテリア走化性シグナル伝達ネットワークとヒトアポトーシスシグナル伝達ネットワークの構造を収集し，MEGADOCK による全対全計算を実施する。構造が得られていない一部のタンパク質については，Modeller [7] 等のソフトウェアを用いて構造モデリングを行い，複数の構造を準備する。全対全計算の結果，MEGADOCK によって予測された PPI がどの程度既存の PPI をカバーするかを KEGG パスウェイデータベース [8] で確認し，その時点において偽陽性となった予測 PPI が新規の PPI である可能性について BioGrid [9] などの実験 PPI データベースを検索して確認する。

図 3.8　2.(2)研究目的・内容等 ②の例

　なお，図 3.9 のような年次計画についてのガントチャート（工程表）をつけるのは効果的ですが，スペースにはあまり余裕がないかもしれません．

③研究の特色・独創的な点

　この欄は，大雑把に言えば【研究計画】を客観的に褒める文章を書けばよいということです．ここにだいたい 1/3 ページ分くらいを使いましょう．どのような観点から褒めればよいかは指示に書いてあり，「研究の特色・独創的な点を記載する上で，先行研究等との比較，本研究の完成時に予想さ

	1年目		2年目		3年目	
1 相互作用ネットワーク予測	▓					
2 薬剤結合部位予測	▓		▓			
3 ドッキングシミュレーション			▓			
4 大規模並列実装・統合			▓		▓	
5 サリドマイド等応用					▓	
6 スタチン等応用					▓	
7 EGFR ネットワーク応用					▓	
データベース構築・公開						▓

図 3.9 ガントチャートの例

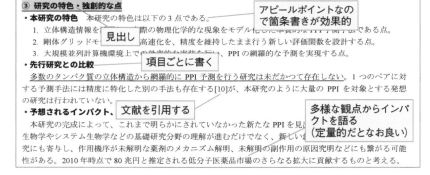

図 3.10 2.(2) 研究目的・内容等 ③ の例

れるインパクト，将来の見通し等」とされていますので，これに従いましょう.

　ここでも，関連研究の調査能力があるかを見られています.『(1) 研究の位置づけ』で挙げた参考文献を引き合いに出してもよいでしょう. 自身の研究の内容がオリジナリティのあふれる素晴らしいものであることを，関連研究との対比で明瞭に示しましょう. 斬新であるだけでなく，これまでの研究分野をさらに加速させるような重要な位置づけ・意義を持つ研究であることも，理由とともに書くべきです.

　「本研究の完成時に予想されるインパクト，将来の見通し等」は，DC/PD の研究が完成した後のことを要求しているので，妄想に妄想を重ねるよう

な文章になりそうですが，逆にいえば何を書いてもある程度許されます．自身の関連分野はもちろん，少し離れた研究分野への波及効果や社会的なインパクト，産業界への影響なども語れると好印象です．自分の分野のこと以外にもさまざまなことを学んでいるんだという，研究者としての視野の広さが示せるとよいですね（図3.10）．

④申請者が担当する部分

　①～③の部分でほとんど埋まってしまうと思いますが，申請者が研究計画のすべてを1人で担当するのか，それとも複雑な実験やプロジェクトの一貫として一部を担当するのかをここで述べます．基本的には大部分を単独で行うという文章を書くことになると思いますが，人によっては所属研究室の研究員等と協力して行う実験などもあるかと思います．研究実施における主体性も判断されますので，自分が主体的に計画を進めるということを記載しましょう．一方で，もし研究遂行が困難になっても相談や助言が得られる環境であることはとても重要です．受入研究者がそのような立場であることは当然ですが，他にも相談できる人がいるならば文章の中でぜひ触れましょう．

⑤受入研究機関と異なる研究機関での研究従事計画

　この部分は該当しない場合は記載する必要はありません．海外の大学への留学を検討している場合（期間の2/3以内），大学と連携する研究所等で研究する計画がある場合などは，ここで具体的に記載しましょう．

■ 3.6 『2.【研究計画】(3) 受入研究室の選定理由』(PDのみ)

　PD申請では，自立した若手研究者への成長を期待して「**研究機関移動**」が課せられています．異なる研究環境のもとで研究活動を経験することが重要とされていますので，当然ながら"実質的な"研究機関移動（受入研究者も異なるようにする）が求められています．以下，研究機関移動に関する記載を抜粋しました．

　学位取得後間もない若手研究者が全く環境の異なる状況において，ある期間流動性を持ち，自由な発想と幅広い視野を身に付けながら独創的な研究者として成長していくことは，特に新しい学問や学際領域の開拓には極めて有効かつ緊要であるため，特別研究員-PD は，博士課程での研究の単なる継続ではなく，新たな研究環境に身を置いて自らの研究者としての能力を一層伸ばす意欲を持って研究を遂行することを求めております．そのため，以下の条件を満たすことを申請資格とします．

【条件】受入研究機関については，大学院博士課程在学当時（修士課程として取り扱われる大学院博士課程前期は含まない）の所属大学等研究機関（以下「出身研究機関」という．）以外の研究機関を選定すること（以下「研究機関移動」という．）．なお，研究機関移動後の受入研究者については，大学院博士課程在学当時の学籍上の研究指導者を選定することはできません．

※同一大学内での他キャンパスへの移動は，研究機関移動の要件を満たしません．

※出身研究機関とは，博士の学位を取得する予定又は博士の学位を取得した研究機関です．

※大学の統廃合による名義上の移動は同一大学とみなします．

審査方針より

④ 博士課程での研究の単なる継続ではなく，新たな研究環境に身を置いて自らの研究者としての能力を一層伸ばす意欲が見られること．

⑤ やむを得ない事由がある場合を除き，大学院博士課程在学当時

（修士課程として取り扱われる大学院博士課程前期は含まない）
の所属研究機関（出身研究機関）を受入研究機関に選定する者，
及び大学院博士課程在学当時の学籍上の研究指導者を受入研究
者に選定する者は採用しない．

特別研究員制度の改善の方向について（研究室移動が研究機関移動
に変更になる前に示された文書）
http://www.jsps.go.jp/data/j-keiji/20130412/TKkaizen.pdf

Ⅳ．多様な機会の提供と流動性の向上を介した，自立した若手研
究者への成長を促す制度
　自立した研究者として育つためには，異なる研究環境下の研究
活動を経験することが重要であると考えられる．現在，PD には，
博士の学位取得時と異なる研究室で研究を行う「研究室移動」を
義務付けているが，むしろ研究機関を変えて研究活動を行う方が，
若手研究者にとってより意義が高いと考えられる．
　一方，自立した研究者として育っていくためには，自らの自由
な発想をもとに，ある程度長期に研究を行うことが必要である．
　このために，PD に研究機関移動を求めると共に，以下の改善
を行う．（後略）

その他，関連資料
・第 7 期研究費部会（第 3 回 平成 25 年 6 月 26 日）　議事録：文
部科学省
http://www.mext.go.jp/b_menu/shingi/gijyutu/gijyutu4/030/
gijiroku/1337603.htm
研究室移動（同大学 OK）から研究機関移動（平成 28 年度申請～）

になる前に，研究機関移動について議論が行われた文部科学省の
委員会の議事録．

---

(3) 受入研究室の選定理由 ※各事項の字数制限はありませんが、全体で1頁
に収めてください。様式の変更・追加は不可。
採用後の受入研究室を選定した理由について、次の項目を含めて記入してください。
① 受入研究室を知ることとなったきっかけ、及び、採用後の研究実施についての打合せ状況
② 申請の研究課題を遂行するうえで、当該受入研究室で研究することのメリット、新たな発展・展開
※ 個人的に行う研究で、指導的研究者を中心とするグループが想定されない分野では、「研究室」を「研究者」と読み替えて記入してください。

図 3.11 2(3)受入研究室の選定理由（PD）

特例措置希望理由書

　　PD申請者で、出身研究機関を受入研究室として選定する者は、特別研究員等審査会において以下のやむを得ない事由に該当すると判定された場合のみ、研究機関移動の特例措置（以下「特例措置」という。）が認められます。
　特例措置希望理由書を提出する状況（例：出身研究機関と受入研究機関が同じである等）を明確にしたうえで、研究環境を変更できない事由を研究室の選定理由と関連づけて説明してください。
　　特例措置を希望する者は、「特例措置希望理由書」（本様式）を必ず作成してください。
　・身体の障害、出産、育児等の理由により出身研究機関以外の研究機関で研究に従事することが難しい場合
　・研究目的・内容及び研究計画等から研究に従事する研究機関として出身研究機関以外の研究機関を選定することが国内の研究機関等における研究の現状において、極めて困難な場合
※本理由書に係る申請資格審査の実施状況ついて、本会のホームページを参照してください。
　本会「特別研究員」ホームページ（http://www.jsps.go.jp/j-pd/index.html）
　→「審査」→「申請資格審査状況」

出身研究機関と受入研究機関との関係：同一大学

図 3.12 特例措置希望理由書（Webシステムから入力する）

申請書に記載する内容は図 3.11 のとおりです．条件は「博士課程の指導教員以外」かつ「学位を取得した研究機関以外」であればよいわけですが，学振 PD 自体や審査の主旨を考えると，できるだけ新しい環境に身を置くということを示すべきです．逆にいえば，すでに共著論文が複数あったり，同じ研究室を出た兄弟弟子にあたる研究者のラボを受入研究室とするような場合は要注意（避けたほうが無難）ということです．

　なお，真にやむを得ない場合は「特例措置希望理由書」（図 3.12）を追加で書くことになります（Web システムから入力します）．しかし，実際のところこの特例措置が認められる人はほとんどいないというのが現状です．1 章でも触れましたが，特例措置が認められかつ採用内定に至った者は平成 28 年〜令和 2 年の 5 年間で 18 名でした．

　さて，研究機関移動を満たしたとして，どのように書いていくかのサンプルを図 3.13 に示します．ここは本当に人それぞれという感じなので，事実をいくつかあげながら書いていくというところでしょうか．受入研究室が行ってきた研究の流れの中で，自身の研究計画がどのような位置付けとなるかや，受入研究室が備える機器や設備との関係，受入研究室のメンバー構成なども盛り込むと良いでしょう．受入研究者とよく相談しながら書くことが何より大切です．

3.7 『3. 人権の保護及び法令等の遵守への対応』

　最初に明記しておきますが，この欄は評点項目ではありません（日本学術振興会による説明会で明言されています）．しかしながら，適切に記入していないと審査員から悪い印象をもたれる可能性がありますので，きちんと記載しましょう．

　この欄（図 3.14）は主に生物系の人や医歯薬学系の人が対象になる項目ですが，工学系や人文科学系でもアンケート調査や研究対象のデータの出所によっては詳細な記述が必要になるところです．人権や法令をきちんと守って研究を進めてくださいということです．

　遺伝子組換え実験，動物実験，個人情報を扱う調査研究などを行う計画の場合には，受入先機関での安全委員会，管理委員会，管理規定などの情

図 3.13 2（3）**受入研究室の選定理由サンプル（PD）**

報をあらかじめ調べておき，具体的な規定の名前などを書くようにしましょう．該当しない場合には「該当しない」とだけ記載すれば基本的には問題ありませんが，なぜ該当しないかの根拠があれば書いておいたほうが無難でしょう（以下の例 4，図 3.14 など）．

【例1】 本研究で行うノックアウトマウスを用いた実験については，「○○大学組換え DNA 実験安全委員会」の承認，ならびに「○○大学動物実験委員会」の承認を得て実施する．

【例2】 本研究で実施するアンケート調査は，○○大学倫理審査委員会へ届け出を行うとともに，○○大学人を対象とする研究倫理研修会に参加し適切な調査方法を習得した上で実施する．また，得られたアンケート結果については連結可能匿名化を行い，アンケート結果及び対応表については本研究期間終了後（期間終了後に本研究に関する論文が発表された場合には発表後）5 年間保存し，その後破棄する．

【例3】 本研究の被験者実験は相手方の同意・協力を必要とする．被験者に提示する実験計画書には，研究題目，目的，被験者の権利，研究方法及び期間，個人情報の取り扱い，結果の開示及び公開，研究から生じる知的財産権の帰属，研究終了後の資料取り扱いの方針，費用負担，謝礼に関する事項，問い合わせ先等を明記し，被験者の同意を得た上で実験を実施する．

---

3. 人権の保護及び法令等の遵守への対応 ※本項目は 1 頁に収めてください。
様式の変更・追加は不可。

　本欄には、2.「研究計画」を遂行するにあたって、相手方の同意・協力を必要とする研究、個人情報の取り扱いの配慮を必要とする研究、生命倫理・安全対策に対する取組を必要とする研究など法令等に基づく手続きが必要な研究が含まれている場合に、どのような対策と措置を講じるのか記述してください。例えば、個人情報を伴うアンケート調査・インタビュー調査、国内外の文化遺産の調査等、提供を受けた試料の使用、侵襲性を伴う研究、ヒト遺伝子解析研究、遺伝子組換え実験、動物実験など、研究機関内外の情報委員会や倫理委員会等における承認手続きが必要となる調査・研究・実験などが対象となりますので手続の状況も具合的に記述してください。

　なお、該当しない場合には、その旨記述してください。

　本研究課題で使用する薬剤情報・タンパク質構造情報は全て公開データを用いるため，該当しない．本研究成果に関する生化学的な検証実験を目的とした共同研究が行われる場合は，相手方の規定に従う．

図 3.14　3. 人権の保護及び法令等の遵守への対応

【例4】 本研究課題で使用するDNA配列データはすべて公開データを用いるため該当しない.

3.8 『4.【研究遂行力の自己分析】』

　研究業績などをもとにあなたの研究遂行力をアピールする欄ですが，令和4年度申請より形式が大きく変わりました．以前は単に成果を並べる欄だったのですが，【研究遂行力の自己分析】と表題が変わり，**単に成果を列挙するだけの項目ではなくなりました**．DC1などで成果が乏しい場合でも欄がスカスカになることはなくなりましたが，あなたの研究に関する強みで研究遂行力が十分備わっていることを示すことと，あなたに足りないことを冷静に分析して示す必要があります．研究成果の示し方については，4章でも再度触れることにします.

　さて，申請内容ファイルを見てみましょう．当然「言われた通りに書く」という鉄則はここでも守ります（図3.15）.

(1) 研究に関する自身の強み

　あなたのこれまでの研究成果を，多様な観点から分析して示します．どのような観点から記載すべきかは，申請内容ファイル（図3.15）の記入時に

4．【研究遂行力の自己分析】 ※各事項の字数制限はありませんが，全体で2頁に収めてください．様式の変更・追加は不可．
　本申請書記載の研究計画を含め，当該分野における(1)「研究に関する自身の強み」及び(2)「今後研究者として更なる発展のため必要と考えている要素」のそれぞれについて，これまで携わった研究活動における経験などを踏まえ，具体的に記入してください．

(※) 本行を含め，以下の斜体で記した説明文は申請書を作成する際には消去してください．

・下記（1）及び（2）の記入にあたっては，例えば，研究における主体性，発想力，問題解決力，知識の幅・深さ，技量，コミュニケーション力，プレゼンテーション力などの観点から，具体的に記入してください．また，観点を項目立てするなど，適宜工夫して記入してください．
なお，研究中断のために生じた研究への影響について，特筆すべき点がある場合には記入してください．

(1) 研究に関する自身の強み

(※) 本行を含め，以下の斜体で記した説明文は申請書を作成する際には消去してください．

・記述の根拠となるこれまでの研究活動の成果物（論文等）も適宜示しながら強みを記入してください．
成果物（論文等）を記入する場合は，それらを同定するに十分な情報を記入してください．
*　（例）学術論文（査読の有無を明らかにしてください．査読のある場合，採録決定後のものに限ります．）*
*　　　　著者，題名，掲載誌名，巻号，pp開始頁－最終頁，発行年を記載してください．*
*　（例）研究発表（口頭・ポスターの別，査読の有無を明らかにしてください．）*
*　　　　著者，題名，発表した学会名，論文等の番号，場所，月・年を記載してください．（発表予定のものは除く．*
*　　　　ただし，発表申し込みが受理されたものは記載してもよい．）*

(2) 今後研究者として更なる発展のため必要と考えている要素

図3.15　4.【研究遂行力の自己分析】DC/PDともに2ページ

消去してくださいと書いてある指示書きのところに書いてあり，「例えば，**研究における主体性，発想力，問題解決力，知識の幅・深さ，技量，コミュニケーション力，プレゼンテーション力などの観点から，**具体的に記入してください」とあります．それぞれ項目を立てて，記入していきましょう．

　成果物として挙げることができるものには，例に示されているものも含め，例えば以下のようなものが考えられます．

- **学術論文**（査読の有無を示す．査読がある場合は accepted のもののみ．arXiv や bioRxiv，medRxiv などのプレプリントサーバに投稿した論文などの査読なし論文を示してもよい）
- **研究発表**（口頭・ポスターの別，査読の有無を示す．国際会議と国内学会を分けて示すとよい．招待講演があれば示す）
- **学術雑誌における解説や総説，著書等**（査読の有無を示す）
- **特許，実用新案，意匠等**（出願・取得の別を示す）
- **受賞**（授与機関・学会，受賞年月を示す）
- **外部研究費や奨学金・フェローシップ等の獲得**
- **公開ソフトウェア**（GitHub URL 等を示す）
- **各種創作物**（文芸作品，工芸品，建築物等）
- **新聞その他メディアへの発表**

　筆者の感覚では，業績の数がそれなりにある人はできる限り成果リストを併用して説明する方がよいと思っています．業績のカウントがしやすい形式で書かれていると，審査員も比較がしやすいからです．すべての業績を通し番号でリスト化し，各観点の記述の中で引用するようにしましょう．逆に業績の数が少ない場合は，それぞれの業績に至った思い入れやエピソード，学会発表であれば質疑応答やその後の展開などの話も含めて記載してもよいでしょう．図 3.16 に例を示したので，参考にしてください．

(1) 研究に関する自身の強み

・研究における主体性

私は高専5年次に初めてバイオインフォマティクス研究に触れ、情報工学の技術で生物学の問題を解決できる可能性に惹かれた。高専では遺伝子発現データの分類に関する研究を、大学〜修士課程ではタンパク質間相互作用の計算に関する研究を行ってきたが、周囲の研究者の助言のもと、常に主体的に研究を進めてきた。萌芽的な成果でも研究会や国際会議などで積極的に発表し、専門家との議論を自身の研究に活かす努力をしてきた。査読付き論文は投稿中であるが、査読なしの成果として4件のテクニカルレポート (成果1〜4)と8件の学会発表 (成果5〜12) があり、開発したソフトウェアはソースコードを含めて公開した (成果18)。

・発想力、問題解決力

私が修士課程で主に行ってきた研究 (成果1, 5, 6, 10) は、それまで複素関数で表されていた数理モデルを実数のみで表現するというアイデアに基づいており、一見単純ではあるがそれまで行われていた計算のコストを大きく減じることに成功した。さらに、機械学習を組合せる試み (成果2,7) や、簡易的なエネルギー計算を組合せる試み (成果3,11,12) など、アイデアを次々と実行に移して問題解決を図ってきている。このような高い発想力と問題解決力が私の強みであると考えている。

・知識の幅・深さ、技量

バイオインフォマティクス分野は、単に計算手法を知っているだけでは真に重要な生物学の実問題を解くことが難しく、解くべき実問題を解くためには情報工学と生物学の両者の幅広い知識が必要となる。私はバイオインフォマティクスに出会うまでは情報工学の知識を学ぶことに注力した。高専は学科首席で卒業し(成果15)、関連資格の取得も積極的に行った。高専2年次に基本情報処理技術者試験、高専3年次にソフトウェア開発技術者試験に合格し,高専4年次では文部科学省後援 ディジタル技術検定 第31回情報部門1級にトップ合格、文部科学大臣奨励賞を受賞した (成果13)。バイオインフォマティクスの研究に興味を持ってからは、バイオインフォマティクス技術者認定試験に合格するなど、両分野の知識を広く吸収していこうと努めている。実際にタンパク質間相互作用を予測するソフトウェアも開発した (成果18)。原子パラメータの設定部分を除けばC++コードでおよそ3000行ほどの規模であるが、汎用ライブラリ (高速フーリエ変換FFTW) の実装を理解して自身のソフトウェアに組込むなど、プログラム実装に関しても高い技量を有していると考える。また、プログラミング以外にも、例えば制御工学は細胞内ネットワークのモデル化に利用されシステム生物学と深いつながりを持つなど、バイオインフォマティクス研究を進める上で高専〜大学で培ってきた広い専門知識は非常に役に立っている。

・コミュニケーション力

研究会等に積極的に参加し、バイオインフォマティクス分野の研究者とのコミュニケーションを積極的に進めてきた。また、同じ研究科の異なる研究室との合同ゼミを通じて、情報工学の他分野の先端知識の習得に努めた。

・プレゼンテーション力

学会等に積極的に演題投稿を行い、プレゼンテーション力の向上に励んできた。プレゼンテーション能力が認められ、3件の学会からの賞 (成果14, 16, 17) の受賞に至った。

成果－学術論文（全て査読なし）

1. **大上雅史**, 松崎裕介, 松崎由理, 佐藤智之, 秋山泰. 物理化学的相互作用の導入による網羅的タンパク質間相互作用予測システムの高精度化, *情処研報*, 2009-BIO-17(11):1-8, 2009.
2. **大上雅史**, 松崎裕介, 松崎由理, 秋山泰. 網羅的タンパク質間相互作用予測システムにおける判別精度の改良, *情処研報*, 2009-BIO-18(3):1-8, 2009.
3. **大上雅史**, 松崎裕介, 松崎由理, 佐藤智之, 秋山泰. リランキングを用いたタンパク質ドッキングの精度向上と網羅的タンパク質間相互作用予測への応用, *情処研報*, 2010-BIO-20(3):1-8, 2010.
4. **大上雅史**, 松崎由理, 松崎裕介,佐藤智之,秋山泰. MEGADOCK: 立体構造情報からの網羅的タンパク質間相互作用予測とそのシステム生物学への応用, *情処研報*, 2010-MPS-78(4):1-9, 2010.

図 3.16 4.【研究遂行力の自己分析】の例　その1

成果－国際会議における発表（全てポスター発表・査読なし）

5. **Ohue M**, Matsuzaki Y, Akiyama Y. Improvement of all-to-all protein-protein interaction prediction system MEGADOCK, *CBI-KSBSB Joint Conference (Bioinfo2009)*, no.10-101, Korea, Nov 2009.

6. **Ohue M**, Matsuzaki Y, Akiyama Y. Improvement of all-to-all protein-protein interaction prediction system MEGADOCK, *The 20th International Conference on Genome Informatics (GIW2009)*, no.033, Kanagawa, Dec 2009.

7. **Ohue M**, Matsuzaki Y, Matsuzaki Y, Sato T, Akiyama Y. MEGADOCK:An all-to-all protein-protein interaction prediction system:Improving the accuracy using boosting andbinding energy reranking, *The 2nd Bio Super Computing Symposium*, no.55, Tokyo, Mar 2010.

成果－国内学会・シンポジウムにおける発表（全て査読なし）

8. **大上雅史**, 越野亮. 決定木による白血病遺伝子の自動分類ルールの抽出, 平成18年度電気関係学会北陸支部連合大会, F-57, 石川, 2006年9月.（口頭発表）

9. **大上雅史**, 越野亮. 遺伝子発現データ解析における遺伝子偏差を用いた前処理方法の提案, 第69回情報処理学会全国大会, 1M-7, 2007年3月.（口頭発表）

10. **大上雅史**. 物理化学的相互作用の導入によるタンパク質相互作用予測の高精度化, 第8回データ解析融合ワークショップ, 東京, 2009年3月.（口頭発表）

11. **大上雅史**, 松崎裕介, 松崎由理, 佐藤智之, 秋山泰. リランキングを用いたタンパク質ドッキングの精度向上と網羅的タンパク質間相互作用予測への応用, 第2回データ工学と情報マネジメントに関するフォーラム(DEIM2010), E4-4, 兵庫, 2010年3月.（口頭発表およびポスター発表）

12. **大上雅史**. MEGADOCKにおける評価関数の改良とリランキングの導入, 第10回データ解析融合ワークショップ, 東京, 2010年3月.（口頭発表）

成果－受賞

13. **大上雅史**. ディジタル技術検定1級情報部門 文部科学大臣奨励賞 受賞, 2006年2月.

14. **大上雅史**. 電子情報通信学会北陸支部 学生優秀論文発表賞 受賞, 2006年9月.

15. **大上雅史**. 石川工業高等専門学校 電子情報工学科 学業成績優秀賞 受賞（首席卒業）, 2007年3月.

16. **大上雅史**. 2009年情報処理学会バイオ情報学研究会 学生奨励賞 受賞, 2010年3月

17. **大上雅史**. 第2回データ工学と情報マネジメントに関するフォーラム 学生奨励賞 受賞, 2010年3月.

成果－公開ソフトウェア

18. タンパク質剛体ドッキングソフトウェア MEGADOCK　https://www.bi.cs.titech.ac.jp/megadock/

(2) 今後研究者として更なる発展のため必要と考えている要素

　私は、異分野の研究者とのコミュニケーションを取るための能力、さらに高度なプログラミング技能などを含む課題解決能力、成果を発表するための表現能力 の3つの要素が、今後更なる発展のために必要と考えている。以下にその理由を述べる。

要素1　異分野の研究者とのコミュニケーションを取るための能力

　バイオインフォマティクスの研究を始めてから学会等で専門家とのコミュニケーションに励んでいるが、十分ではないと感じている。生物物理若手の会や生化学若い研究者の会などの学生・若手研究者コミュニティにも参加し、生物学の言葉を肌で理解し、より深いコミュニケーションを取れるようになることが重要である。

要素2　さらに高度なプログラミング技能などを含む課題解決能力

　東工大のスパコン TSUBAME や理研の「京」に代表される大規模な計算環境をフルに活用するためには、MPI実装やCUDAによるGPUプログラミングの技能が必要となる。プログラミング技能も含め、今後計算機やデータの大規模化によって必要となる技術は刷新されていくため、求められる課題に対して適切に道具を選べるよう技術・知識のアップデートを欠かさないことが重要である。

要素3　成果を発表するための表現能力

　何度か国際会議に参加した経験から、英語で成果を表現する能力に難があると感じている。語学力を向上させ、また国際論文誌への論文投稿や国際会議での発表を積極的に行うことで、表現能力を身につけて国際的に活躍する研究者を目指すことが重要である。

図 3.16　4.【研究遂行力の自己分析】の例　その2

(2) 今後研究者として更なる発展のために必要と考えている要素

ここでは，(1) で挙げた自分の強みの逆で，あなたに足りていない弱みを分析して記入します．人間誰しもパーフェクトではありませんので，何が足りていないかを冷静に見つめ，具体的に挙げましょう．発展のために必要な要素と，それを習得するために具体的に何をしていくのかまで書けるとよいですね．特別研究員の期間で克服していくと宣言しましょう．(1) で業績が少ないと感じたら，ここで多様な観点から自分について語り，2 ページを埋めましょう．

ここは，次の『5.【目指す研究者像等】』(3.9 節) とのつながりが深い箇所です．目指す研究者像と，特別研究員として行う活動との関係性を考えながら，自分に足りない要素が何かを考えてみましょう．

さらには，評価書 (3.12 節) にも同じ項目があります．指導教員の先生に，自分に足りていないことは何かを聞いてみてディスカッションしてみるとよいかもしれません．もちろん周囲の友人や先輩でもよいです．他人の意見も参考にしながら，自分を分析していきましょう．

3.9 『5.【目指す研究者像等】』

あなたが目指す研究者とはどんな研究者かを記入し，目指すために何をするのかを宣言するところです (図3.17)．以前は「自己評価」と呼ばれており，DC1 と DC2 にのみ課せられていましたが，令和 4 年度からは PD も記載するようになりました．人によって得意不得意が顕著に分かれるパートかと思いますが，あなたの熱意を自由に示しましょう．

ただし，3.8 節で記載した『4.【研究遂行力の自己分析】』とつながりがあることが重要だと思われます．理想の研究者がもつべき資質は，「研究にお

5．【目指す研究者像等】 ※各事項の字数制限はありませんが、全体で 1 頁に収めてください。様式の変更・追加は不可。

日本学術振興会特別研究員制度は、我が国の学術研究の将来を担う創造性に富んだ研究者の養成・確保に資することを目的としています。この目的に鑑み、(1)「目指す研究者像」、(2)「目指す研究者像に向けて特別研究員の採用期間中に行う研究活動の位置づけ」を記入してください。

(1) 目指す研究者像 ※目指す研究者像に向けて身に付けるべき資質も含め記入してください。

(2) 上記の「目指す研究者像」に向けて、特別研究員の採用期間中に行う研究活動の位置づけ

図 3.17 5.【目指す研究者像等】DC/PD ともに 1 ページ

ける主体性，発想力，問題解決力，知識の幅・深さ，技量，コミュニケーション力，プレゼンテーション力などの観点」からも説明できるでしょう．「今後研究者として更なる発展のため必要と考えている要素」として挙げたことを，「特別研究員の採用期間中に行う研究活動」の中で習得していくというように説明すると，わかりやすいかと思います．

審査員は前向きな（尖った？）申請者に好印象をもつものなので，新たなチャレンジをしようとしている人は応援したくなるものです．また，アウトリーチ活動あるいはサイエンスコミュニケーション（一般の方々にわかりやすい言葉で研究内容や研究成果を伝える活動）は昨今の研究者に求められていますので，たとえばYoutubeやブログ等で解説した経験なんかも審査員にオッと思わせられるでしょう．

図や表についての言及はありませんが，入れてはダメとも書いてありません．ニュースになったり記事になったりしたことがあれば，写真を貼ったり記事の切り抜きを貼ったりしてよいのです．文字ばかりにならないように，「伝わる」ように，工夫してみましょう．

3.10　評点要素から書くべきことを考える

2.5節で紹介しましたが，審査員は以下の2つの評点要素，
① 研究計画の着想およびオリジナリティ
② 研究者としての資質
をもとに総合評価を決めていきます．おそらく審査員は，2つの評点要素について点数を付け終わったあとで，2つの点数をもとに申請者を並べ替えて上から順に1:2:4:2:1の比率で総合評価を付けていくと考えられます．なので，この2つの要素に対応する文言が含まれていると審査員も採点しやすくなります．

とはいっても，ざっくりとしていて，どこで判断されるかがわかりにくいと思います．以下は審査の経験のない筆者の憶測が混じりますが，一般的に判断される要素と考えられるものを挙げてみます（これはそのまま良い申請書を書くためのチェックリストにもなるでしょう）．

① 研究計画の着想およびオリジナリティ

・アイデアが面白いことを示せているか
・着想に至った経緯が説明できているか
・先行研究等の違いをきちんと示せているか
・研究計画に独創性があるか

② 研究者としての資質

・研究背景，問題提起，提案にいたる一連の説明が論理的にできているか
・具体的で実現できそうな研究計画を示せているか
・先行研究が十分に示されており，自身の研究の優位性が示せているか（サーベイ不足ですでに同じ研究があったりしたら目も当てられません）
・提案する課題が研究分野にどの程度の影響をもたらすかを過大過小なく検討できているか
・困難があった場合に解決する方法を考えているか（指導教員や周囲の研究者とのコミュニケーションも含む）
・対外的な活動やアウトリーチなどの経験
・これまでの研究実績等，研究に関する強みがあるか
・申請者の分担を示せているか（1人でやるならそう明記する）
・自身の弱みを把握し，克服しようとしているか
・目指す研究者像と，そこに至るために必要な要素を挙げられているか

　こうして見てみると，①も②も申請書全体から判断されそうだということがよくわかります．申請書のあちこちに各評点要素に対応した文言を混ぜ込みましょう．

3.11 研究課題名を考える

「学振」の申請では，これから行う研究課題に必ず名前をつけないといけません．論文でもテレビ番組でも必ずタイトルがあるように，申請書の課題にもタイトルが必要です．テレビ番組ほど短いタイトルである必要はありませんが，短いながらも効果的に内容を表せており，かつインパクトのある課題名にする工夫が必要です．いわば**研究課題名は短いアブストラクト**なのです．

　研究課題名の決め方にも一応決まりがあります．1番大きいのは字数制限ですが，他にも要項には以下のように書かれています．

> 研究課題名の要項
>
> ・研究課題名は具体的な研究内容を40字以内（記号，数字等も全角／半角に関わらずすべて1字として数える）の和文で簡潔に入力してください．40字を超えて入力することはできません．なお，「研究課題名」には，副題を入力しても差し支えありませんが，副題を含めて40字以内としてください．
> ・化学式，数式による表記は避け，漢字，カナ等で入力してください．ただし，DNA等アルファベットで表記することが一般的なものは差し支えありません．　※漢字等で書く例　H_2O →水
> ・本会が申請書を受理した後，「研究課題名」は一字一句でも変更できません．特に「研究課題名」は，採用内定となった後，「科学研究費助成事業（特別研究員奨励費）」に応募する際の課題名と同一のものとなりますので，留意してください．

　課題名のウマい決め方はありませんか？　と聞かれることがありますが，筆者も常々悩んでいるところです．一般的な決め方としては，研究内容を特徴づけるキーワードを3～4個考えて並べてみて，そこからつなげて課題名を作っていくというようなものがあります．キーワード表（2.2節で紹介）を活用して自分の審査区分に関係のあるキーワードから選ぶのもよいでしょ

う．逆に研究課題名を考えてから研究の計画を考える人もいると思います．いずれにしても，課題名を見れば研究の特色などが思い浮かぶというようなものの方が，審査員が申請書の中身を読んでいくときの道標となりますし，印象的でインパクトのある課題名の方が審査員の目を引きます．

　あまりカッコいいタイトルが思い浮かばないという人は，先人の知恵を借りましょう．過去の「学振」採用者の研究課題名は，2つの方法で見ることができます．

(1) **採用者一覧**　http://www.jsps.go.jp/j-pd/pd_saiyoichiran.html

　PDFファイルで各年度の採用者が区分ごとに一覧で見られるようになっています．

(2) **KAKENデータベース**　http://kaken.nii.ac.jp

　文部科学省と日本学術振興会の科研費のデータベースです．「学振」採用者は科研費の「特別研究員奨励費」の申請資格がありますので，**「特別研究員奨励費」で検索**すれば分野ごとに「学振」の研究課題名が見られるように

図 3.18　KAKENデータベース．詳細検索のボタンから細かな検索条件が設定できる（図では「学振」の特別研究員奨励費，小区分 08010：社会学関連で検索）．

なっています（図3.18）．もちろん，基盤研究とか若手研究などの，いわゆる大人の科研費の採択課題についても調べることができますので，先輩研究者たちがどのようなタイトルをつけたのか参考にしてみるとよいでしょう．プロが悩んで考えた末のタイトルは迫力が違います．

　なお，大型の種目（億単位になる特別推進研究，基盤研究（S），基盤研究（A）など）はかなり広めのタイトルがつけられていますが，それに比べれば「学振」は小さな課題に1人で取り組むものですので，あまり真似しない方がよいでしょう．若手研究，挑戦的研究（萌芽）など，小規模だけど前衛的な研究課題のタイトルを参考にするのがおすすめです．

3.12　評価書を書いてもらう

　「学振」申請の中で唯一，自分以外の人に書いてもらう書類です．どんなことを書いてもらうのか，中身を見てみましょう．

書いてもらう人

DC

評価書：現在の研究指導者

PD

評価書1：採用後の受入研究者
評価書2：申請者の研究をよく理解している研究者
　　　　　（現在の受入研究者，博士課程時代の指導教員など）

書くこと（電子申請システム上で記入）

DC

①申請者との関係
　（例：現在の受入研究者，採用後の受入研究者 等）

②申請者の (1)「研究者としての強み」及び (2)「今後研究者として更なる発展のため必要と考えている要素」のそれぞれについて，具体的に入力してください．

（(1)，(2)それぞれ 1000 字以内かつ 25 行以下）

③申請者の研究者としての将来性を判断する上で特に参考になると思われる事項について．（例：特に優れた学業成績，受賞歴，飛び級入学，留学経験，特色ある学外活動など．）

（2000 字以内かつ 60 行以下）

PD

①，②は DC と共通

③申請者を受け入れるに当たっての「受入（指導）計画」，受入研究者自身又は研究室で行っている研究と申請者の研究との関連性，期待される相乗効果について．（申請者の研究の発展性だけでなく，申請者を受け入れることにより期待される，受入研究者（研究室）の研究に対する影響，波及効果についても明記．）

（評価書 1：採用後の受入研究者のみ）

（2000 字以内かつ 60 行以下）

　作文は②と③ですが，それなりに文量があります（文字数は② (1)と(2)が 1000 字以内，③が 2000 字以内です）．DC は出すと決めたらすぐに，PD は行き先を決めたらすぐに，評価書の作成をお願いしに行きましょう．締切ギリギリにお願いするなどという失礼のないように．なお，**評価者はシステムにログインするまで何を書けばよいかがわかりません**．評価書をお願いするときは必ず「何を書けばよいか」を伝えることをお忘れなく．特に②の強みなどは，『4.【研究遂行力の自己分析】』で例示されていた，研究における主体性，発想力，問題解決力，知識の幅・深さ，技量，コミュニケーション力，プレゼンテーション力などの観点で評価してもらうとよいと思われるので，そのように伝えましょう．

　評価書は自分がどうこうできる書類ではないと思われがちですが，実はそうでもありません．博士課程の指導教員が自分のことをすべて知ってい

るかというとそんなことはないですし，PD の受入先の先生ならなおさらです．自分のことは自分が 1 番よく知っているという当たり前の話です．自分が実はこんな人でこういう隠れた才能をもっているんだというようなことを，評価書を書いてくれる先生に伝える必要があります（もちろん，そんなお節介はいらんと一蹴する先生もいるかもしれませんが）．

日本学術振興会特別研究員 DC1 申請者に関する評価書

| 評価書作成者 | 麹町 次郎 | 所属 | ○○大学　大学院○○○研究科　准教授 |

| 申請者 | 学振 太郎 | 申請者との関係 | 現在の受入研究者 |

申請者の(1)「研究者としての強み」及び(2)「今後研究者として更なる発展のため必要と考えている要素」のそれぞれについて，具体的に入力してください．
　（例えば，研究における主体性，発想力，問題解決力，知識の幅・深さ，技量，コミュニケーション力，プレゼンテーション力などの観点から，具体的に記入）

(1) 研究者としての強み（全角1000字以内かつ25行以下）

（以下草案）
主体性：学振太郎は顔画像認識を高速化するための新規数理モデルの開発に取り組んできた．

発想力：中高大と部活動で続けてきたテニスの写真判定技術（ホークアイ）をきっかけに，動画像認識の数理モデル改良を思い付いた．

知識の幅・深さ，技量：画像認識の最先端知識，GPU プログラミングの技術，数学と画像処理の境界領域への挑戦

コミュニケーション力：学部時代は電機屋販売員のアルバイトで接客技術と商売トークを身につけた．ゼミや共同研究の打ち合わせなども積極的に参加．

プレゼンテーション力：研究室配属後は学会での口頭発表を3回行い，M1のときに第○回○○学会の学生発表賞を受賞した．計5回学会発表（3回口頭発表，2回ポスター発表）．

その他：TA頑張ってます．M1で発表賞とりました．学部の成績は上位でした．後輩の面倒見も良い方だと思います．祖父が大学教授でした．

(2) 今後研究者として更なる発展のため必要と考えている要素（全角1000字以内かつ25行以下）

（以下草案）
・数学（情報幾何）に関する知識が足りない　　・サーベイする力が足りていない
・英語で表現する力が足りない　　　　　　　　・意見を否定されたときに感情が出る
・昼夜逆転しがち　　　　　　　　　　　　　　・徹夜しがち

申請者の研究者としての将来性を判断する上で特に参考になると思われる事項について．
　（例：特に優れた学業成績，受賞歴，飛び級入学，留学経験，特色ある学外活動など．）

（全角2000字以内かつ60行以下）
（以下草案）
上にも書いたが，計4回学会発表（3回口頭発表，1回ポスター発表）し，賞も取った．
・情報処理学会全国大会(2019)，電気関係学会支部大会(2019)，…

高校時代，テニスの県大会で上位入賞経験あり

一応学部の成績は上位

図 3.19 評価書サンプルファイルと「褒めポイント」情報

良い評価書をお願いしたいときは，まず自分の「褒めポイント」を挙げてなんらかの形で渡しましょう．Word か何かで図 3.19 のような**評価書サンプルファイルを作り，それに情報を埋めて送るとよいでしょう**．

　このような草案を用意しておくことで，書いてもらえる評価書もあなたの実態に則したリアリティあふれる素敵な文章になること間違いなしです．お願いする先生によっては，「全部 1 から書きますよ」という幸運なケースから，「自分で 9 割方埋めてもってきて」という不運なケースまでさまざまでしょう．ただ，このような草案を要求してくるケースは割と多いと思われますし，自分のことを正しく理解してもらうためにもぜひ準備して渡しましょう．ただし PD で草案を準備するときは，2 人の評価書の内容が似すぎてしまわないような注意も必要です．

▌3 章の関連情報（URL は変更の可能性があります）

- ●募集要項　https://www.jsps.go.jp/j-pd/pd_sin.html
- ●採用者一覧　http://www.jsps.go.jp/j-pd/pd_saiyoichiran.html
- ● KAKEN データベース　http://kaken.nii.ac.jp
- ● JSPS 電子申請システム 評価書作成画面サンプル　https://www-shinsei.
  jsps.go.jp/topyousei/yousei_taiken/hyokasha/hyokaichiran.html
- ●募集等に関する説明会（日本学術振興会）　https://www.jsps.go.jp/j-pd/
  pd_setsumeikai.html　※研究機関の事務担当者向けの説明資料ですが，
  情報がよくまとまっていますのでぜひ申請者も目を通しておくべきです．

> ⊂コラム⊃「学振」採用者に聞いてみた　その 2
>
> 　学振 DC2，PD，JST さきがけ専任研究者のご経験をもつ寺田さんから，「学振」経験について語っていただきました．数少ない SPD 面接の経験者としても貴重な体験談かと思います．実際の申請書も p.186 で紹介します．
>
> 　回答して頂いた方：寺田愛花（てらだあいか）さん

株式会社ヒューマノーム研究所

平成 25 年度 DC2（工学／情報学／生体生命情報学），平成 27 年度 PD（総合／情報学フロンティア／生命・健康・医療情報学）採用，平成 27 年度 JST さきがけ採択

————学振特別研究員申請で工夫したことを教えてください

　申請書の作成にあたって工夫した点は多々ありますが，以下に一通り挙げてみます．

●できる限り過去の申請書を集めて参考にしました．

●受入教員の先生をはじめとする複数の方々に申請書を読んでいただき，多大な助言をいただきました．

●研究課題名は，審査員が最初に研究内容を面白そうと思うか否かが鍵だと思います．このため，申請内容が簡潔に表されている研究題目をつけられるように悩みました．

●図とそのキャプションを見て，本文を読まなくてもそこそこに申請内容がわかるように心がけました．

●いわゆる申請書の見栄えや見やすさなどについて

　➢可読性の高いフォントを使いました．個人の好みもありますが，私の場合，和文はヒラギノ明朝で，英文は Times New Roman で記載しました．

　➢フォントサイズは 12 pt にしました．11 pt でもよいかもしれません．

　➢重要なところは下線を引きました．

　➢性能比較は文章ではなく図表にするなど，字を詰め過ぎないように気をつけました．

●最初の 1～2 文目にキャッチーな内容（私の場合は山中ファクターの話）を書くようにしました．

●数値は具体的に記載しました．例えば，偽陽性の生起確率や実行時間，転写因子の個数，組み合わせの総数などで，具体性を意識して記載しています．

●研究計画には，うまく研究が進んだ場合だけではなく，うまくいかなかった場合にどうするのか，その解決方針などを記載し

ました.

● 業績欄は，空白ができる限り少なくなるよう，ポスター発表も含めて何でもいいから埋めました．DC は顕著な業績がなくても通るのではと思います.

● もし論文や受賞歴などの顕著な業績がある場合には，業績リストで見逃されるのを防ぐために研究計画本文から参照できるとよいかなと思います.

――――――PD の受入先はどのように決めましたか？

受入先を決めた理由は，DC2 で行っていた研究手法の理論をさらに発展させようと思った時に，国内での受入先の候補が 1 箇所しか思いつかなかったからです．受入先の先生とはもともと一緒に仕事をしていたこともあり，学振 PD に申請したいとコンタクトを取った時期は 3 〜 4 月と遅めだったと思います.

――――――SPD 面接はどうでしたか？

予算を取るための面接は初めてだったので，とにかく緊張しました．緊張したという感想が大半で，それ以外のことがあまり記憶に残っていないのですが，質疑応答はもっとうまく答えられたなと後悔した覚えはあります.

面接に使うスライドも申請書と同様，複数の方に見ていただいてアドバイスを頂きました．SPD の面接だけではなく，その後の予算申請にも有用な助言がいただけるよい機会なので，可能なら色々な方にプレゼンの練習を見てもらうとよいと思います.

――――――学振 DC/PD の良かった点と不満な点を教えてください

良かった点

学振特別研究員の制度は，基本的には非常に良い制度だと思っています．具体的には，

● 研究に専念できる（DC：生活費の心配がない，PD：授業などの大学の仕事がない）

● プロジェクトでの雇用ではないので，自分のやりたいテーマの研究ができる（PD）

●自分の研究費があるので，旅費や研究に必要な物品の購入を自分の裁量で行える
●今後の業績になる
●学生のうちに申請書の書き方を学べる（DC）

などが挙げられます．個人的には，研究費の申請を経験できるという理由だけで出す価値はあると思っています．

<u>不満な点</u>

「雇用関係がないので，福利厚生が一切ない」という点が学振PDの大きな不満点です．例えば，職場に向かうための交通費が支給されない，産休・育休制度がない（研究の中断はできるけど育児手当などがない）などが挙げられます．福利厚生がないことを考えると，「優れた若手研究者に対する制度」と銘打っている制度にしては給料が少ないかも？とも思います．世の中には学振PDよりも給料の高い（大学の福利厚生を受けられる）ポスドクの話や，福利厚生も充実している理研の基礎科学特別研究員制度など，上には上があるので，学振PDの位置付けに多少の疑問を覚えます．ただし研究する場所に制約がないため，例えばサンプルの採取などで長期間海外に行きやすいなど，雇用関係のないことが人によっては利点となるかもしれません．あとは，特別研究員に対してアウトリーチ活動を推奨している一方で，そのサポート（活動の機会を作る，費用を工面するなど）が何もないのも気になっていました．

————JST さきがけについて簡単に教えてもらえますか？

JST さきがけ（国立研究開発法人 科学技術振興機構 戦略的創造研究推進事業 さきがけ）とは，国が定める戦略目標の達成に向けて先駆的な基礎研究を推進するために個人研究者を対象とするグラントです．3年半の期間で，総額3000〜4000万円程度の研究費が与えられることと，（他に兼任する大学ポジション等が無ければ）JST 雇用としてさきがけ専任研究者というポストを貰えることが特徴です．だいたい若手の助教から准教授くらいの人が多く，

若手研究者の大きな目標となっています.

　さきがけ専任研究者は JST の雇用となりますので，学振 PD と違って福利厚生も一般的な企業と同じ程度には良いと思います. 厚生年金に加入しますし，健康保険は科学技術健康保険組合というところに加入します. 出産・育児・介護といったライフイベント時は最長 1 年間，週単位で研究期間の延長ができます. 産休は産前 6 週（多胎なら 14 週）と産後 8 週，育休は子が 1 歳に達するまでの連続した期間が対象です. 肝心の給料はというと，年齢に応じて変動はしますが，年間 600 〜 700 万円程度が目安として JST のウェブサイト上で公開されています.

Chapter

4

申請書を書く，磨く

4.1　申請書はいつ書き始める？

　令和4年度申請の要項は，令和3年2月12日に公開となりました．日本学術振興会側の締切は令和3年6月10日なので，**各大学などの締切は5月20日前後**になっているかと思われます．令和3年度申請の例では，主要大学のうちウェブ上で検索できたものとして，

　日本学術振興会の締切日　令和2年6月3日 17:00

東京大学	5月17日
京都大学	6月2日 9:00
大阪大学	5月13日
東京工業大学	5月27日
筑波大学	5月15日
慶應大学	5月15日
早稲田大学	5月19日
広島大学	5月14日
神戸大学	5月8日
金沢大学	5月18日（部局による）

というような締切日となっていました．上記締切とは別に，事務チェック用の締切（必要な人のみ）を設定しているケースもあるようです．いずれにしろ**5月の中旬には申請書が完成していないといけない**わけなので，遅くとも4月中には第1稿となるバージョンの申請書が出来あがっているのが理想です．いつ書き始めたらよいかはそこから逆算しましょう．

　「学振」の申請書を書くのがまったく初めてという人は，遅くとも3月中には手をつけはじめましょう．申請書は時間をかければかけるほどよくなっていきます．え？　4月にこの本を手に取ったって？　大丈夫，まだ間に合います．**最初にやることは，まず募集要項と申請内容ファイルのダウンロー**ドです．【学振】でGoogle検索すれば特別研究員（https://www.jsps.go.jp/j-pd/）のページが1番上にきます（2021/1/1現在）ので，今すぐアクセスして真っ先にとりかかりましょう（あとはこの本を読みましょう）．

4.2 まず最初にやること

申請内容ファイルをダウンロードしている間に（一瞬でダウンロードは終わりますが），**学内締切日を調べてメモしておきましょう**．実際にはなかなか難しいですが，締切までの計画を立てて，余裕をもって進められるのが理想的です．

申請内容ファイルがダウンロードできたら，まず，**4.【研究遂行力の自己分析】欄を開いて，自分の今までの論文や学会発表などの情報を埋めましょう**．たくさんある人は大変ですが，30分もあれば一通り調べて埋められますね．情報を埋めたらあとは見やすいようにきれいに整形してみましょう（見やすくする方法は4.3節以降に）．できましたか？　ここまでは研究のアイデアとかは必要ないですし，頭を使わずに手を動かすだけで進められます．何より申請書の完成に一歩近づいた気がしてきませんか？

また，学内締切を調べるついでに，**電子申請用 ID・パスワードの交付申請方法を調べておきましょう**．締切ギリギリに慌てないように，早目に準備しておきたいですね．並行して，指導教員の先生に「学振出します！」と宣言することも忘れずに．

最初にやること

☐ 募集要項と申請内容ファイルをダウンロードする

☐ 学内締切を確認してメモする　→　　　月　　　日

☐ 第1稿の完成目標を決める　→　　　月　　　日

☐ 4.【研究遂行力の自己分析】欄に自分の業績情報を書き込む

☐ 電子申請用 ID・パスワードの交付申請

☐ 指導教員の先生へ「学振出します！」宣言

4.3 「学振」情報の収集

「学振」に関する情報は，この本1冊でかなり網羅しているつもりです．

しかし，人によって意見は変わりますので，筆者1人の意見にとらわれず，多様な意見・情報を収集することが良い申請書につながります．以下のように情報収集を行うとよいでしょう．

「学振」の情報を集める

・この本をひととおり読む
・「学振」のウェブページ・募集要項を熟読する
・他人の申請書を入手して読む（この本にもいくつかあります）
・他人が作った学振申請書の書き方指南や感想文を見てみる
・指導教員の科研費などの申請書をお願いして見せてもらう
・科研費申請書の書き方指南書を読む

「学振」のウェブページ・募集要項を熟読する

　この本をひととおり読むのは，今まさにこの本を読んでいるのだからよいとして，「学振」のウェブページと募集要項を熟読するのはきわめて重要です．この本の中でもかいつまんで解説をしてきましたが，**「学振」の情報は「学振」のウェブページにたくさん詰まっています**．1章と2章の復習にもなりますが，以下のようなページや資料をよく読んで「学振」獲得への戦略を立てましょう．

・特別研究員　日本学術振興会　http://www.jsps.go.jp/j-pd/
・申請書等様式　http://www.jsps.go.jp/j-pd/pd_sin.html
・募集要項　https://www.jsps.go.jp/j-pd/pd_sin.html
　－申請書作成要領
　－書面審査セットについて　http://www.jsps.go.jp/j-pd/pd_sinsa-set.html
・申請に関するQ&A（PD・DC2・DC1）
　http://www.jsps.go.jp/j-pd/pd_qa.html

他人の申請書を入手して読む

　研究室の先輩で「学振」申請経験者がいたら，頼みこんで申請書を頂きま

しょう．令和 4 年度申請から申請書の形式が大きく変わったので，昔の申請書は毛色が全然違いますが，それでもかなり参考になると思います．通った申請書も参考になりますが，不採用の申請書はさらに参考になります．なかなか不採用のものを見せてくれる人はいないかもしれませんが，快く提供してくれる人がいないか探してみましょう．最近は大学の URA（リサーチ・アドミニストレータ）部門（研究推進，研究戦略といった名前のついている事務部署）が，学内で了解が得られた「学振」申請書の閲覧サービスを行っているところもあるようですので，そういうサービスがあれば必ず利用しましょう．この本で紹介している筆者および 5 人の申請書（p.141 〜）も参考になれば幸いです．

申請書サンプルが全然集まらないという人，大丈夫です．インターネット上で申請書を公開してくれている素敵な人がいます．

・面接免除になった学振 DC2 の書類を公開と工夫した点について
https://kenyu-life.com/2018/09/20/gakushin/
・学振の申請書作成に必読なサイトまとめ【DC 申請書】| marina | note
https://note.com/marina_t/n/n9e3af2afecc5
・学振の申請書（吉良貴之）（PD）
http://jj57010.web.fc2.com/gakushin.html
・学振 DC に出す後輩へのアドバイス的な何か – 島袋祐次の個人ページ
http://www.yshimabu.com/index.php/2018/10/13/jsps/
・学振 PD に提出した計画書をアップします - こにしき
http://d.hatena.ne.jp/TerasawaT/20140409/1396945966
・実際の学振・科研費申請書 | 科研費 .com
https:// 科研費 .com/proven-proposal/

また，Google 検索で "特別研究員として取り組む研究の位置づけについて" とか "どのような計画で，何を，どこまで明らかにしようとするのか" などと入力してみましょう（申請内容ファイルの文言ですね）．二重引用符 " " をつけて検索するのがポイントです．やってみると，ネット上に転がっている他人の申請書がいくつか見つかると思います（"これまでの研究の背景，問題点，解決方策" と入れると令和 3 年度以前のものもヒットします）．

　ネット上を検索してまわってみると，色んな人が「学振」について語っているのが見られます．以下にほんの一部を挙げていますが，自分に必要だと思うことを取捨選択しながら大いに参考にしましょう．

・科研費.com｜学振・科研費などの書き方のコツを教えます
　https://科研費.com
・学振申請書を磨き上げる11のポイント［文章編］｜Chem-Station（ケムステ）
　http://www.chem-station.com/blog/2013/05/-2013-1.html（前編）
　http://www.chem-station.com/blog/2013/05/post-522.html（後編）
・日本学術振興会特別研究員（学振 PD）感想戦｜Takefumi Hiraki's Web
　https://takefumihiraki.com/adventcalendar/eeicadv2018/
・学振特別研究員になるために〜 2020 年度申請版
　https://www.slideshare.net/tonets/gakushin2020-135999676
・大学院でラボを替えて学振 DC1 内定した話 – Kim Biology & Informatics
　https://kimbio.info/dc1/
・学振申請に関する経験談 - フラスコを振る
　http://frasco-shaking-ny.hatenablog.com/entry/2018/12/31/170332
・学振 DC2 特別研究員（進化生物学）に採用内定したけん学振うどんの話.
　- sun_ek2 の雑記.
　https://blog.sun-ek2.com/entry/2020/09/27/002107
　※申請書に成果紹介用の QR コードを貼ったそうです（アクセスは 0 だったそうです．なお，審査員バレが考えられるので，審査の過程では QR コードにアクセスしないよう気をつけている可能性もあるかもしれませんね）.

指導教員の科研費申請書をお願いして見せてもらう

　大人版「学振」ともいえる科研費の申請書は，「学振」との共通点も多いです．研究者のほとんどは応募経験があると思いますので，知り合いの先生などに聞いてみて，ぜひ申請書を見せてもらえないかお願いしてみましょう．特に修士課程の指導教員や博士課程の指導教員が書いた申請書は，自

分の研究分野に近いはずなので見せてもらえると大変参考になります．

　また，やはり大学の URA 部門等で，学内で了解が得られた科研費申請書の閲覧サービスを行っている場合があります．ただし，「学振」申請書の参考にするという理由での閲覧が可能かどうかはそれぞれの機関によると思いますので，わからない場合は一度直接問い合わせてみましょう．

科研費申請書の書き方指南を見てみる

　最後に，科研費申請書についてもネット上で情報があちこちに転がっています．以下にいくつか挙げた他にもたくさんありますので，興味があれば調べてみましょう．

・科研費 .com ｜学振・科研費などの書き方のコツを教えます
　https:// 科研費 .com
・科研費申請書類の書き方のコツ
　http://www.kakenhi.net/
・採択される科研費計画調書の書き方と申請書作成の戦略 22 のポイント
　http://scienceandtechnology.jp/archives/4461

　また，科研費は申請書の書き方の本がいくつか出版されています．中でも評判の良い 4 冊を挙げてみましたので，こちらも参考にしてください．

・『科研費獲得の方法とコツ 改訂第 7 版〜実例とポイントでわかる申請書の書き方と応募戦略』児島将康著，羊土社（「学振」申請書についても解説がある）
・『研究資金獲得法の最前線：科研費採択とイノベーション資金活用のフロント』塩満典子著，学文社
・『採択される科研費申請ノウハウ―審査から見た申請書のポイント』岡田益男著，アグネ技術センター
・『できる研究者の科研費・学振申請書　採択される技術とコツ』科研費 .com 著，講談社

4.4　わかりやすい申請書を目指して（紙面デザイン編）

さて，ここからはまた申請書の中身の話に戻ります．もう一度審査員の気持ちになってみましょう．第2章と第3章の復習です．

- ・審査員は1人あたり50人前後の申請書を読む
- ・審査員の先生は忙しい
- ・書面審査セットで分野がグループ化されるので，申請書と審査員の分野がぴったり合うとは限らない
- ・審査員の先生は忙しい
- ・審査員の先生は忙しい
- ・ただでさえ忙しいのに読みにくい書類がきたら破り捨てたくなる

というわけで，分野外の忙しい審査員の先生にもやさしい申請書を書く必要があります．まず読んでもらうための努力をしましょう．これからいくつかのテクニックを紹介していきます．

フォント選び

申請書のフォント選びは大変重要です．雑誌編集者になったつもりで，時間をかけて見た目を考えましょう．フォント選びの例を6パターンほど示します．

【例1】

> ■見出しは MS ゴシック ＋ Arial で頭に■をつける
> ふつうのところは MS 明朝 ＋ Times New Roman で，重要なところは MS ゴシック ＋ Arial にする．

Windows の標準フォントです．Microsoft Word だとデフォルトのフォントが Century になっていますが，Century フォントにはイタリック体がありません．斜体を選択すると *Century* のようにローマン体を傾けただけになってしまいます．英数字フォントには，*イタリック体のある Times New Roman*

や *Palatino Linotype*, また Century が大好きという人は *Century Schoolbook* という別のフォントを使うようにしましょう．見出しの行頭に■をつける方法は，筆者が昔好んでやっていたものです．

【例 2】

> **見出しは HG ゴシック E + Arial(bold) に網かけ**
>
> ふつうのところは MS 明朝 ＋ Times New Roman で，**重要なところは HG ゴシック E + Arial(bold) にする．**

HG ゴシック E は Windows に標準搭載されています．線が太いのでよく目立ちますが，文章中で多用するとどこを見てよいかわからなくなりますのでここぞというところだけに留めましょう．また，英数字は Arial を太字にして HG ゴシック E に合うようにしてみましたが，日本語の HG ゴシック E のところを一緒に太字にしないようにするのがコツです．網かけも見出しにおすすめで，筆者が最近使っている目立たせ方の 1 つです．

【例 3】

> **見出しはメイリオ bold 体に下線**
>
> ふつうのところはメイリオ（英数字もメイリオ）で，**重要なところはメイリオの bold 体にする．**

Windows 標準で，視認性が良いといわれているメイリオフォントで組んでみました．見やすいのですが，横に長めの字なのでちょっと書ける文字数は減ってしまいます．また，メイリオフォントは Word だと突然行間が開いてしまいます．行間の調整は，「段落」メニューから行間を「固定値」にし，間隔を 16 pt ～ 17 pt くらいにするとちょうどよい感じになります（図 4.1）．

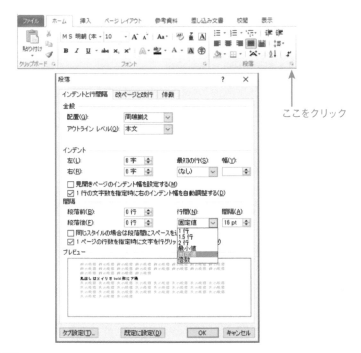

ここをクリック

図4.1 Wordでの行間調整（矢印をクリックすると下の段落メニューが現れる）

【例4】

見出しは IPA ゴシックに囲み線
ふつうのところは IPA 明朝（英数字も IPA 明朝）で，重要なところは
IPA ゴシック＋下線にする．

IPA ゴシックと IPA 明朝は，IPA（独立行政法人 情報処理推進機構）が配布している日本語フォントです．きれいな書体ですがゴシックに力強さがあまりないので，目立たせるためには工夫が必要です．

【例 5】

> **見出しは小塚ゴシック Pro H で黒バックに白字**
> ふつうのところは小塚ゴシック Pro L で，**重要なところは小塚ゴシック Pro H にする.**

　Adobe 社が作成したフォントで Adobe Acrobat などの製品に付属していま
す．太さが色々揃っており，細字体のゴシックの美しさはピカイチです．
小塚明朝シリーズを使うのもおすすめ．ただし，Word では行間調整（例 3
と同様，図 4.1）が必要です．なお，黒バックに白字は非常に目立ちますが，
やりすぎ感があるので多用は禁物です．特に見出しで毎回使うのはおすす
めしません．本当に重要なアイデアを示すときなどに留めておきましょう．

【例 6】

> **●見出しは游ゴシック太字で行頭に●をつける**
> ふつうのところは游明朝で，**重要なところは游ゴシック（太字）にする.**

　Windows 8.1，Mac OS X 10.9 以降に標準搭載されているフォントで，穏
やかな書体が特徴的です．個人的にもおすすめしたいフォントです．例 5
のように，ふつうのところは游ゴシック（標準）にしてもよいと思います．
このフォントも例 3 と同様に行間調整が必要です．

　また，フリーの Noto フォント（Noto Sans JP や **Noto Sans JP Black,**
Noto Serif JP など）もおすすめです．Noto フォントは Google が開発したフォ
ントであり，ウェブから無料でダウンロードすることができます（https://
fonts.google.com）．

　もしあなたが Mac 使いの場合は例 6 のような游明朝・游ゴシックもよい
ですが，標準で入っているヒラギノフォントもとてもきれいなフォントな
のでおすすめです．

　また，Mac 使いなら Pages の使用も検討しましょう．というのも，Mac
版の Word は Windows 版の Word に比べて意図しない挙動をすることが多
いのです．以下に Pages を使った申請書の書き方が説明されています．

・学振の申請書を Pages でストレスなく書く方法
http://oxon.hatenablog.com/entry/20100309/1268129103

フォントサイズ

　申請書作成要領に,「10 ポイント以上の文字で記入してください」という注意書きがあります. 必ず守りましょう. ただし, 10 pt でも小さめだと思います. できれば 10.5 pt 以上, 理想は 11 pt です. 年をとると, だんだん細かい字が見えにくくなってくるものです.

　図中に文字がある場合は, 図の大きさにも注意しましょう. ときたまグラフの縦軸・横軸の目盛りの数値が潰れて読めなくなっているケースがあります. 11 pt とはいいませんが, 図中の文字もできるだけ本文のサイズに近くなるよう努めましょう.

余白をつくる

　これが読みやすい紙面を作るために 1 番重要です. 箇条書きや見出し, 図の挿入などで自然と余白は生まれますが, 意識して紙面を構築するよう

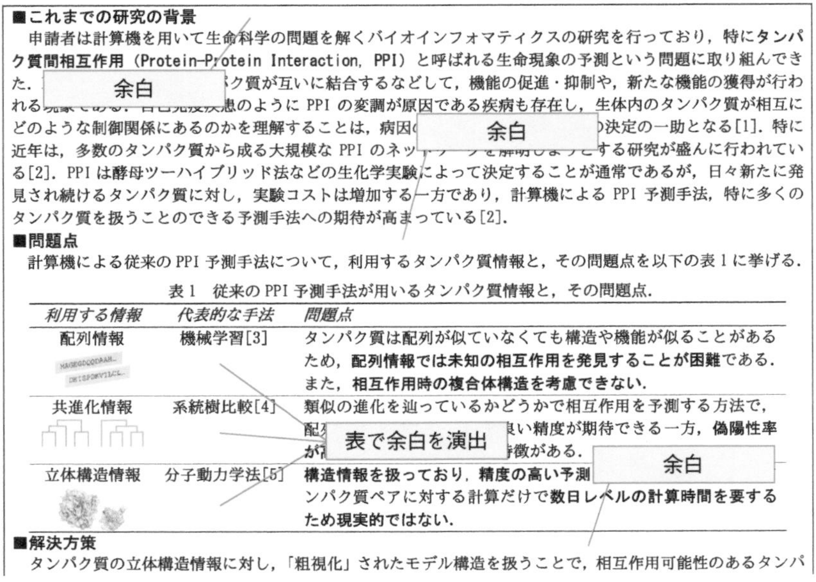

■これまでの研究の背景
　申請者は計算機を用いて生命科学の問題を解くバイオインフォマティクスの研究を行っており, 特に**タンパク質間相互作用(Protein-Protein Interaction, PPI)**と呼ばれる生命現象の予測という問題に取り組んできた. ［余白］ク質が互いに結合するなどして, 機能の促進・抑制や, 新たな機能の獲得が行われ〔…〕自己免疫疾患のように PPI の変調が原因である疾患も存在し, 生体内のタンパク質が相互にどのような制御関係にあるのかを理解することは, 病因〔…〕〔余白〕決定の一助となる[1]. 特に近年は, 多数のタンパク質から成る大規模な PPI のネットワーク〔…〕する研究が盛んに行われている[2]. PPI は酵母ツーハイブリッド法などの生化学実験によって決定することが通常であるが, 日々新たに発見され続けるタンパク質に対し, 実験コストは増加する一方であり, 計算機による PPI 予測手法, 特に多くのタンパク質を扱うことのできる予測手法への期待が高まっている[2].
■問題点
　計算機による従来の PPI 予測手法について, 利用するタンパク質情報と, その問題点を以下の表 1 に挙げる.

表 1　従来の PPI 予測手法が用いるタンパク質情報と, その問題点.

利用する情報	代表的な手法	問題点
配列情報	機械学習[3]	タンパク質は配列が似ていなくても構造や機能が似ることがあるため, 配列情報では未知の相互作用を発見することが困難である. また, 相互作用時の複合体構造を考慮できない.
共進化情報	系統樹比較[4]	類似の進化を辿っているかどうかで相互作用を予測する方法で, 配〔…〕〔表で余白を演出〕〔…〕い精度が期待できる一方, 偽陽性率〔…〕徴がある.
立体構造情報	分子動力学法[5]	構造情報を扱っており, 精度の高い予測〔…〕〔余白〕ンパク質ペアに対する計算だけで数日レベルの計算時間を要するため現実的ではない.

■解決方策
　タンパク質の立体構造情報に対し,「粗視化」されたモデル構造を扱うことで, 相互作用可能性のあるタンパ

図 4.2　**紙面がぎゅうぎゅう詰めにならないように余白を意識する**

にしましょう（図 4.2）．行間についても図 4.1 の方法で調節しましょう．

箇条書き

　第 3 章でも何度か出てきましたが，箇条書きは申請書を書く上でとても重要なテクニックの 1 つです．箇条書きのよい所は

1. 文が簡潔になり，読ませやすくなる
2. 自然と余白が生まれ，見た目にも優しい
3. 訴求点がいくつあるか，見ただけですぐわかる

というように，3 点あります．今わざと 3 点の番号付き箇条書きで書きましたが，3 つの○○という形で説明してくれると人間は理解しやすいので，3 つの問題点，3 つの解決方策，3 つの貢献など，3 つ挙げるということを少し意識してみましょう．番号付きか番号なしかの使い分けも，細かいところですが効果があります．**項目数や順番に意味があるときは番号付きを使う**ようにしましょう．

文字装飾

　紙面を見やすくするためには**重要な語句や文を太字**にしたり<u>下線をつけたり</u>することがよく行われます．主要なテクニックを紹介します．

・太字（ボールド体）

　よくある太字で目立たせるという方法です．注意しなければいけないことは，<u>MS 明朝のまま**太字にする**ことは絶対にしてはいけない</u>ということです．MS 明朝フォントは太字にしても普通の字とほとんど違いがわかりません．必ず**ゴシック系フォント（MS ゴシックなど）**に変更するようにしましょう．「フォント選び」のところも参考に．

・下線

　見出しや重要語句に下線をつけて目立たせるというよくあるテクニックです．本文中に下線をつけて，<u>下線のとこだけ読むと全体がつかめるようにするというテクニック</u>もあります．

・その他

囲み，黒背景白抜き，網かけなど色々ありますが，あまり多用せずここ
ぞというところで使うようにしましょう．たとえば

本書を読めば学振申請書なんてこわくない！

というような使い方が考えられます．

図の配置

　図の作り方は 4.5 節で述べますが，図の中身だけでなく，図の配置の仕
方にもぜひこだわってください．よくあるのは，図を右の方に配置して文
字を回り込ませるというものです．Word であれば「文字列の折り返し→四
角」と選ぶと図の周りに文字が置かれます（図 4.3）．ただし，あまりたくさ
んの図を置いて文字を回り込ませると，今度は文章がガタガタして読みに
くくなってしまいます．1 ページあたり回り込みの図は 2 個までにした方
がよいでしょう．

　また，図を置くときはできるだけ参照箇所の真横に置くようにして，で
きるだけ離れないようにしましょう．ページが移ってしまうのは最悪です（1
ページ目で参照している図が 2 ページ目に置かれているなど）．あとはでき
るだけ見出しの項目と上部を揃えるようにすると，自然と余白が生まれて
紙面が読みやすくなります（図 4.4）．

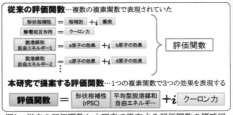

に**剛体グリッドモデル**がある．剛体グリッドモデルを用いて PPI 予測を行うためには以下に挙げる 3 つの主要
な課題があり，本研究では対応する以下の 3 つの方策によってこれらの課題を全て解決する．

方策 1　　剛体グリッドモデルにおける構
造探索は，従来手法では 1 ペアの計
算に数時間かかる[6]．また，評価
関数を簡素化することで計算時間
が削減できるが精度は落ちる．本研
究では，計算時間削減と精度の維持
を目標とし，1 つの複素関数に 3 つ
の物理化学的効果の項を含む独自
の評価関数を提案する（図 1）．

方策 2　　剛体グリッドモデル上の計算を
用いて相互作用の有無を予測する
ための方法論は存在しない．本研究
ではこの**相互作用の有無を予測するための方法論を新たに開発する**．

方策 3　　ネットワークレベルの大規模予測を行うためには大量の計算を行う必要がある．本研究は**大規模並
列計算機**を用い，効率的に計算を行うための並列実装を行う．

図1　従来の評価関数と本研究で提案する評価関数の概略図

図 4.3　回り込みの例．回り込みは 1 ページに 2 回までにする．

■研究目的
　現在使用されている薬剤における**想定されていない標的タンパク質（オフターゲット）**を大規模に探索するための手法・システム開発を行う．開発したシステムは，サリドマイドをはじめとする薬剤のオフターゲット探索研究に応用する．

■研究方法
　薬剤オフターゲット探索システムの開発にあたり，以下の4点の課題に取り組む（図4）．

1．構造未知タンパク質を含むタン

> 図の上部と見出しを揃えると余白ができる．

2．　　　　　　　　　　　　ションの　　　　　　　　　　　測手法の開発．
3．タンパク質群と薬剤群との網羅的ドッキングシミュレーションシステムの開発，高速化・並列化．
4．上記1〜3の手法の大規模並列計算機（TSUBAME）上での実装・統合化．

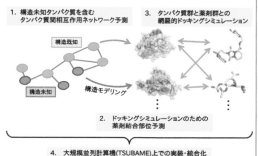

1. 構造未知タンパク質を含む
   タンパク質間相互作用ネットワーク予測

構造既知

構造未知

構造モデリング

3. タンパク質群と薬剤群との
   網羅的ドッキングシミュレーション

2. ドッキングシミュレーションのための
   薬剤結合部位予測

4. 大規模並列計算機(TSUBAME)上での実装・統合化

図4　本研究で開発する薬剤オフターゲット探索のための大規模並列計算システムの概要図

図 4.4　回り込みの例．見出し項目と上部を揃えると余白が生まれる．

　図を含む申請書のデザインについては，以下の記事や本が参考になります．
・田中佐代子．オフィス使いこなし術〈申請書のデザイン〉，生物工学会誌，91（12），732-733, 2013. https://www.sbj.or.jp/sbj/sbj_vol91_no12.html
・小野英里．科研費研究計画調書のグラフィックデザイン（2017.12.4）http://k-connex.kyoto-u.ac.jp/ja/wp-content/uploads/sites/2/2017/12/171204-graphic-seminar-open.pdf
・『科研費 採択される3要素 第2版：アイデア・業績・見栄え』郡健二郎著，医学書院

文献の引用方法
　『2.【研究計画】』の欄の中で参照する文献情報については，いろいろな表記の仕方があります．大きく分けると，
・〜である（Roy A, *et al. Nat Protoc* 2010）．というように本文中で完結させる
・〜である [10]．というようにリストを参照させる．
の2パターンに分けられると思います．好みのわかれるところですが，**統一されていればどちらでもよい**と思います．筆者は末尾に参考文献リストを書くのが好みです．雑誌の巻号やページ番号などの情報を細かく載せら

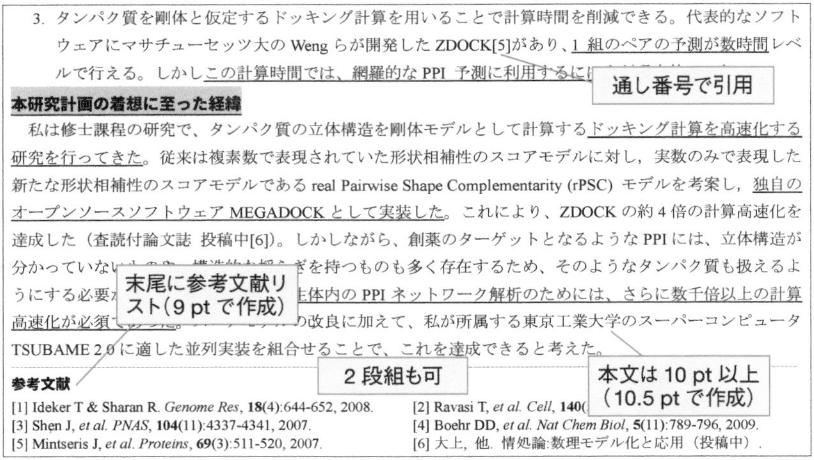

3. タンパク質を剛体と仮定するドッキング計算を用いることで計算時間を削減できる。代表的なソフトウェアにマサチューセッツ大のWengらが開発したZDOCK[5]があり、1組のペアの予測が数時間レベルで行える。しかしこの計算時間では、網羅的なPPI予測に利用するに

本研究計画の着想に至った経緯

通し番号で引用

私は修士課程の研究で、タンパク質の立体構造を剛体モデルとして計算するドッキング計算を高速化する研究を行ってきた。従来は複素数で表現されていた形状相補性のスコアモデルに対し、実数のみで表現した新たな形状相補性のスコアモデルであるreal Pairwise Shape Complementarity (rPSC) モデルを考案し、独自のオープンソースソフトウェアMEGADOCKとして実装した。これにより、ZDOCKの約4倍の計算高速化を達成した（査読付論文誌 投稿中[6]）。しかしながら、創薬のターゲットとなるようなPPIには、立体構造が分かっていないものや、構造的な揺らぎを持つものも多く存在するため、そのようなタンパク質も扱えるよ

末尾に参考文献リスト（9 ptで作成）

うにする必要がある。生体内のPPIネットワーク解析のためには、さらに数千倍以上の計算高速化が必須。このアルゴリズムの改良に加えて、私が所属する東京工業大学のスーパーコンピュータTSUBAME 2.0に適した並列実装を組合せることで、これを達成できると考えた。

2段組も可

本文は10 pt以上（10.5 ptで作成）

参考文献
[1] Ideker T & Sharan R. *Genome Res*, **18**(4):644-652, 2008. [2] Ravasi T, *et al. Cell*, **140**(
[3] Shen J, *et al. PNAS*, **104**(11):4337-4341, 2007. [4] Boehr DD, *et al. Nat Chem Biol*, **5**(11):789-796, 2009.
[5] Mintseris J, *et al. Proteins*, **69**(3):511-520, 2007. [6] 大上, 他. 情処論:数理モデル化と応用（投稿中）.

図 4.5 参考文献の書き方

れるので、審査員がもし調べたいと思った時に便利だと思うからです.

　なお、やや掟破りというか、フォントサイズのところで述べたことと違うことをいいますが、参考文献リストは多少フォントサイズが小さくても大丈夫だと思います. 文章のスペースが足りない時などに、参考文献リストのフォントサイズを小さくしてうまく収めたり、ということができます. ただし限度はあるので最低でも9 ptくらいに抑えておきましょう（図4.5）.

文章が枠内に収まらないときの手段

　実際に申請書を書いてみると、全然内容が盛り込めない！　と思うかもしれません. しかし、ほとんどの場合は不必要な文言があるせいなのです. ブラッシュアップしていくとどんどん削っていけますが、本当にもうこれ以上無理となったときの最終手段をいくつか紹介します.

・行間を狭める

　図4.1の方法で、行間を全体的にほんの少し狭めてうまく収めるという方法です. 固定値：14 ptくらいにするときゅっと狭まります. ただしやはり全体的に窮屈にはなりますので、たとえば段落間に2 ptくらい追加の余白を設定するなど、少し工夫しましょう.

・参考文献リストを工夫する

　著者を筆頭だけにする，タイトルを消す，雑誌名を省略形にする，no.を省略する，ページ番号の同一桁数字を省略する，論文ごとに改行を入れないなど，いくつか方法があります．2つ例示しますので違いを比べてみてください．

【例1】著者は3人まで省略しない，論文タイトルあり，vol., no.，ページを記載

[1] Ideker T, Sharan R. Protein networks in disease, *Genome Research*, 18(4), 644-652, 2008.

[2] Ravasi T, Suzuki H, Cannistraci CV, *et al.* An atlas of combinatorial transcriptional regulation in mouse and man, *Cell*, 140(5), 744-752, 2010.

[3] Shen J, Zhang J, Luo X, *et al.* Predicting protein-protein interactions based only on sequences information, *Proceedings of the National Academy of Science*, 104(11), 4337-4341, 2007.

[4] de Juan D, Pazos F, Valencia A. Emerging methods in protein co-evolution, *Nature Review Genetics*, 14(4), 249-261, 2013.

【例2】著者は1人だけ，タイトルなし，論文誌名を省略形に，no.なし，ページ番号の同一桁を省略

[1] Ideker T, *et al. Genome Res*, 18: 644-52, 2008. [2] Ravasi T, *et al. Cell*, 140: 744-52, 2010.

[3] Shen J, *et al. PNAS*, 104: 4337-41, 2007. [4] de Juan D, *et al. Nat Rev Genet*, 14: 249-61, 2013.

・見出しの横から文章を始める　こんな感じで見出しの横から文章を書き始めることでより多くの文字を入れられます．しかし余白が減るのであまりおすすめはしません．

申請書を書くときに使うかもしれない Word の小技

・ヘッダーやフッターがおかしくなってしまったとき

　文章を書いたり消したりしていると，いつの間にかページ番号が変になったり，続きのページじゃないのに続きと出てしまったりすることがあります（図4.6）．学振申請書の Word 様式はヘッダーやフッターをページごとに異なるものにしており，Word のセクション区切りの機能を使って入れてあります（目には見えませんが）．文字を消しているときにセクション区切りも削除してしまったことがおかしくなった理由ですので，セクション区切

りを入れ直してから（図4.7），ヘッダーとフッターを編集しましょう．このとき，「前と同じヘッダー / フッター」がオンになっているページがあると，編集したものが他のページにも影響してしまうので注意してください（図4.7）．

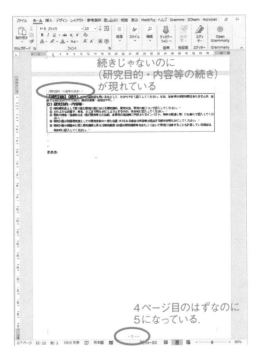

図 4.6　ヘッダーやフッターがおかしくなった状態

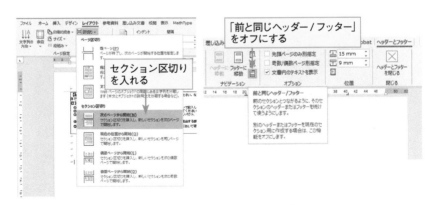

図 4.7　ヘッダーやフッター を直すための操作

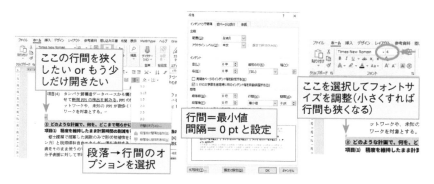

図 4.8 特定の行の行間を狭くする例

・特定の行の行間を減らしたい・増やしたいとき

　文章が固まってきたら，どうしてもあと少しだけ行間を詰めたい・空け
たいといった微調整をしたくなってくるかと思います．図 4.1 でも示した
行間調整の方法で，特定の行の間隔だけを調整することができます．実際
に行間を狭くしている例を図 4.8 に示します．

TeX で学振申請書を書く

　普通は Microsoft Word を使って申請書を作成すると思いますが，TeX を
よく使う人は TeX で書くのもおすすめです．TeX で申請書を書くためのス
タイルファイルなどが，科研費 LaTeX というウェブサイトで提供されてい
ます（日本学術振興会のウェブサイトからもリンクされています）．

・科研費 LaTeX　http://osksn2.hep.sci.osaka-u.ac.jp/~taku/kakenhiLaTeX/

　TeX は美麗な組版・数式が特徴で，レイアウトに労力をできるだけ割か
ずに文章の中身に集中できるような仕組みがあります．論文などで TeX を使っ
て原稿を書くことに慣れている方は，むしろ Word を使うよりもラクに申
請書が書けます（著者も DC1 の申請書は科研費 LaTeX を使って TeX で書き
ました）．

　TeX のインストールは自分の PC に行うのが以前は当たり前でしたが，
今ではウェブブラウザから使える無料の TeX 執筆環境があります．主なも
のは以下の 2 つです．

・Overleaf　https://ja.overleaf.com

テンプレートから作成

+ 日本学術振興会_海外特別研究員

+ 日本学術振興会_海外特別研究員(RRA)

- 日本学術振興会_特別研究員_DC

科研費　　2022(R04)年度 (2021年春応募分)
　　　　　 by 科研費LaTeX updated
LaTeX　 2021.02.12　　　　　　　　　　作成
　　　　　 http://osksn2.hep.sci.osaka-
　　　　　 u.ac.jp/~taku/kakenhiLaTeX/

+ 日本学術振興会_特別研究員_PD

+ 日本学術振興会_特別研究員_RPD

+ 日本機械学会

+ 日本語プレゼン(Beamer)

図 4.9　Cloud LaTeX に用意されている学振の申請書テンプレート

図 4.10　Cloud LaTeX を使った学振申請書の作成

・Cloud LaTeX　https://cloudlatex.io

このうち，Cloud LaTeX では学振申請書のテンプレートがあらかじめ用意
されていて，リストから選択するだけで学振申請書の作成を簡単に始める
ことができます（図 4.9）.

テンプレートを選ぶと，ブラウザの画面上で図 4.10 のように申請書を書き進めることができます．用意されている例文のところに自分の文書を入れ込んでいくだけなので，ある程度 TeX に慣れている方なら簡単に作成できると思います．もし科研費 LaTeX で困ったら，以下の記事も参考になるかと思います．

・学振特別研究員申請のための科研費 LaTeX Tips
　https://zenn.dev/kn1cht/articles/kakenhi-latex-tips

4.5　わかりやすい申請書を目指して（内容編）

デザインについて確認した次は，内容の工夫についてです．ここでもいくつか重要なポイントを紹介します．

専門用語には枕詞をつける
【例】
A　フィンガープリントを用いて類似化合物を検索する
B　薬剤の 1 次元情報であるフィンガープリントを用いて類似化合物を検索する

たとえば A の文章を読んでみると，「フィンガープリント」という専門用語で詰まります．フィンガープリントのそもそもの語源は「指紋」という意味ですが，ここではもちろん指紋を指してはいません．こういう専門用語を知らない人が読むと，そこで思考が一度止まってしまい，わかりにくいと思われてしまう要因になります．しかし，B のように補う言葉（枕詞，和歌の枕詞ではない）を入れてあげるとどうでしょう．フィンガープリントという言葉をそんなに理解していなくともわかった気になりませんか？　この「わかった気になる」というのが重要です．A のように思考がそこで止まってしまう文章にならないように，まっすぐに読んでいって理解できるような文章を目指しましょう．

具体性をもたせる

具体的というのはとても重要です．研究計画が具体的であることは，審査基準の「研究計画の着想およびオリジナリティ」や「研究者としての資質」が優れていることを示す一端となりますし，審査員も安心して評価ができます．未来の研究の話で具体的な数値などはなかなか出せませんが，特に意識してしっかり書きましょう．

【例】

・「大幅な」「わずかに」といった定性的表現は使わず，「80％」「0.15」といった具体的な数値情報にする．
・系や物質の名前を具体的に書く．「細胞増殖に関わるシグナル伝達を解析」と書くより「細胞増殖に関わる PI3K/Akt 系のシグナル伝達を解析」のように書く．

項目ごとにサブタイトルで概要を言い切るテクニック

これは筆者はあまり得意ではありませんが，各項目・見出しごとにサブタイトルをつけて概要をそこで言ってしまうというテクニックがあります．余白が減るので一長一短ですが，各ブロックで何が1番言いたいことなのかが明確になるというメリットがあります．

【例】

■これまでの成果──rPSC モデルの新規提案による速度向上と新規 PPI の予測

従来は複素数で表現されていた形状相補性のスコアモデルに対して，実数のみで表現した新たな形状相補性のスコアモデルである real Pairwise Shape Complementarity (rPSC) モデルを考案 [4] し，MEGADOCK に実装した．これにより，～～～

■着想に至った経緯──タンパク質の構造変化と生物学者との協働

創薬ターゲットとなるタンパク質には，立体構造がわかっていないものや，構造的な揺らぎをもつものが多く存在するため，そのようなタンパク質も扱えるようにする必要があると考えた．

　申請書の紙面の見た目をよくし，さらに内容もわかりやすくしてくれるのが研究の概念図です．申請内容ファイルの但し書きでも，「※適宜概念図を用いるなどして」とわざわざ言っているので，『2.【研究計画】(1) 研究の位置づけ』，『(2) 研究目的・内容等』のところで最低 1 枚ずつは研究の概念図を載せましょう．『2.【研究計画】』は，読む側にとってみれば知らないことがたくさん書いてある険しい山脈のように思えます．最初のページに背景や計画の概要がわかる図があると，登山道の道標のごとく，2 ページ目 3 ページ目と容易に読み進められる効果が期待できるのです．

　どんな図がよいかはセンスの問題にもなりますが，たとえば Google 画像検索で"研究概要　図"とか"研究　ポンチ絵"とかで検索してみるのもよいでしょう（ただし「ポンチ絵」はお役所系のビジースライドが多いので参考にならないかもしれませんが）．

　また，この本に載せたサンプルの一部はカラーの申請書が認められていた時代のものです．しかし，平成 28 年度申請から申請書はモノクロ印刷になりましたので，図もモノクロで作る必要があります．図 4.11 に筆者が申請して採択された科研費の申請書（以前からモノクロ印刷）で用いた図を参考までに 1 つ載せておきます．

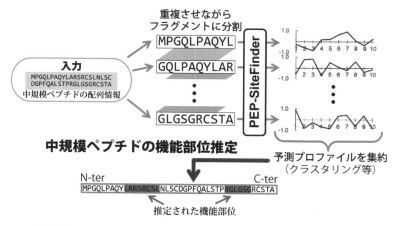

図 4.11 研究概要のモノクロ図（筆者の科研費若手研究（B）申請書より）

また，図を作るときはフリー素材をうまく活用しましょう．Google 画像検索などでネット上に転がっている画像素材を便利に検索できる時代になりましたが，非公開の申請書といえど著作権には気をつけましょう．具体的には，パブリックドメイン（著作権がない）のものか，自由な利用が認められている画像素材を使うことです．以下に便利な素材サイトを紹介します．

- かわいいフリー素材集 いらすとや　https://www.irasutoya.com
- 自由に使えるイラストメディア，SASHIE（サシエ）　http://sashie.org
- SILHOUETTE DESIGN – シルエット素材専門サイト
  https://kage-design.com
- human pictogram 2.0（無料人物 ピクトグラム素材 2.0）
  http://pictogram2.com
- Wikimedia Commons　https://commons.wikimedia.org
  ※画像によってライセンスが異なります
- Togo picture gallery　https://togotv.dbcls.jp/pics.html
  ※ CC-BY-4.0 ライセンスであり，出典表示が必要です

▌ 4.6　最初のページが肝

1 件 1 件の申請書にあまり時間を割けない審査員にとって，**申請書の第一印象は申請書の評価を決定づける**といっても過言ではありません．申請書の第一印象は『2.【研究計画】』の 1 ページ目で決まります．ここは他以上にインパクトのある読みやすい紙面を心がけて，勝負をしかけましょう．もちろん，図を必ず載せるのも忘れずに．

紙面のデザインに関しては，「伝わるデザイン」というウェブサイトが大変参考になります．研究発表スライドの話がほとんどですが，紙の文書についても多少言及があります．

- 伝わるデザイン｜研究発表のユニバーサルデザイン
  https://tsutawarudesign.com/
また，このウェブサイトの書籍版も出版されています．
- 『伝わるデザインの基本 増補改訂版 よい資料を作るためのレイアウトのルール』高橋 佑磨，片山なつ共著，技術評論社

図を作る上でも参考になると思いますので，ぜひ一度目を通しておきましょう．

■ 4.7 業績アピールのコツ

DCでもPDでも1番頭を悩ませる2ページの『4.【研究遂行力の自己分析】』欄．たとえ論文が1本もなくても，頑張ってきたことや強みのアピールはしたいところです．逆にここで悩まない人はたくさん論文を出して学会発表してきてた人なので，そういう人はこの本もあまり必要ないのかもしれません．DC1は特に研究成果が乏しく，見た目が寂しくなってしまいそうですが，あくまで研究を遂行する能力があることを示す欄ですので，必ず埋めましょう．業績として書けるものはないか必死に捻り出しましょう．

業績として書けること

業績アピールは，基本的には「捏造はしない」「水増しもしない」「しかしあるものはすべて出す」というスタンスで行います．3.8節でも取り上げましたが，以下に書けそうな事柄を挙げてみますので，忘れていないか確認しましょう．ここは令和3年度以前の旧書式も参考になります．
・成果物（論文，研究発表，特許，その他）
・受賞（学生奨励賞，学会ポスター賞，口頭発表賞，首席表彰など）
・公開ソフトウェアの開発経験
・過去にDC1/2をもっていたらDC1/2のことを書く
・JASSO奨学金の特に優れた業績による返還免除（全額/半額）

『4.【研究遂行力の自己分析】』欄を"埋める"ために

3.8節でも取り上げましたが，2ページもあって大変そうに思う『4.【研究遂行力の自己分析】』欄について，あらためて書き方の一例を紹介します．

まず業績をリストアップしましょう．3.8節に挙げたようなものは全部出し尽くしましたか？そしたら次は，自身の強みを語るためのそれぞれの観点「主体性」「発想力」「問題解決力」「知識の幅・深さ」「技量」「コミュニケーション力」「プレゼンテーション力」に，対応しそうな業績を対応づけていきましょ

う．きっと業績1つ1つにあなたの色々なエピソードが詰まっていると思いますので，すらすらと観点項目に対応する文章が書けるのではと思います．

業績との対応づけが終わったら，次は論文等の成果になっていないがアピールしたいこと・強みだと思っていることを書いていきましょう．たとえば，

・実験機器の使用経験
・プログラム実装能力，特殊な計算機の利活用
・内部的な発表の経験
・研究進捗管理の方法・工夫（実験ノート等）
・共同研究の中の自分の役割
・業績リストだけでは把握し難いアピールポイント

などが盛り込めるかと思います．こうして見ると，埋めるのが大変そうに見えていた【研究遂行力の自己分析】の2ページが，割と簡単に埋まってきませんか？

「(1) 研究に関する自身の強み」を書いたら，残りは「(2) 今後研究者として更なる発展のため必要と考えている要素」を書きます．自身の強みとしてさほど対応がつかなかった観点項目が，逆に現時点では弱みであるということなので，そこを克服するというように書いていくとわかりやすいでしょう．例えば，学会発表の経験が乏しい場合はプレゼンテーション力が必要な要素として挙がるかもしれません．その場合は，特別研究員の間に○○学会で発表できることを目標とする，といった具体的な記述もできると思います．今完璧でなくても，将来完璧になることを目指している，特別研究員の間に完璧に近づくために具体的にどうする，といった記述をしていくことが重要かと思います．そしてこれは，そのまま『5.【目指す研究者像】』につながります．必要と考えている要素を挙げておいて，『5.【目指す研究者像】』の「(2) 目指す研究者像に向けて特別研究員の採用期間中に行う研究活動の位置づけ」のところで，実際に特別研究員の間にやろうと思っていることを書いていくのがよいと思います．

業績リストのスタイル，その他

業績リストを見やすくすることももちろん重要です．研究成果物の表記の仕方は色々な流派がありますので，自分の好みで，例を参考に見やすい

デザインを心がけましょう.

・雑誌名をイタリック体にする，しない

・雑誌名を省略する，しない

・著者を省略する，しない

・何人まで書いて *et al.* にするか

　※特に PD の場合，受入研究者等は省略しない方がよい

・タイトルをボールド体にする，しない

・年号に括弧をつける，つけない

例）

<u>Gakushin Taro</u>, Kojimachi Jiro. **A Survey of JSPS Research Fellows**, *Journal of Jsps Fellows,* vol. 20, pp. 203–214, 2016.

<u>Gakushin T</u>, Kojimachi J. **A Survey of JSPS Research Fellows**, *J Jsps Fell*, 20: 203–214. (2016)

一般的に気をつけること

・時系列は，降順（新しいものから）がベターだが昇順でもよい（統一する）

・番号づけを忘れずに．申請者は太字やアンダーラインがおすすめ．

・「(1) 研究に関する自身の強み」の証拠として挙げるので，引用する必要がある．番号がかぶらないように，番号づけは通し番号がおすすめ

・番号の真下のインデントを意識する

良い例）

［1］<u>Gakushin T</u>, Kojimachi J. **A Survey of JSPS Research Fellows**, *J Jsps Fell,* 20: 203–214.（2016）

悪い例）

［1］<u>Gakushin T</u>, Kojimachi J. **A Survey of JSPS Research Fellows**, *J Jsps Fell,* 20: 203–214.（2016）

日頃から努力しよう

　業績が少ないと嘆いても，提出直前になってどうこうすることは無理なので，日頃から論文発表や学会発表をできるように努力して研究を進めて

いきましょう．もし今回が駄目でもチャンスはまた次回やってきます．そのときに今より1つでも業績が増やせるよう，今のうちから頑張りましょう．

なお，DC1ではM1の間までに査読付き論文が1本出ていると有利です．業績は審査で重要視されないといわれてはいますが，やはり論文があると無いとでは雲泥の差です．M1までに論文を，という話になるとラボの方針にもよりますし，そもそもDC1を取ることが目的で研究しているわけではないという話にもなりますが，DC1獲得のために論文を出せないかあれこれ考えて，早いうちに指導教員の先生に相談してみるだけで話がスムーズに動き出すかもしれません（5.4節も参考にしてください）．

▎ 4.8 何度も校正する

申請書は何度も校正してブラッシュアップしていきましょう．以下に申請書を良くしていくためのポイントを挙げてみます．

・最初はコピペでもいいから埋める．そしてたくさん推敲する

コピペというと酷いイメージがついてしまった昨今ですが，最初はコピペレベルでもいいのでまずは申請書を埋めましょう．どうせコピペした文章は校正していったらほとんど残りません．指導教員に内容について相談しに行くときも，1回全部埋めてから相談するのがよいと思います．できていないものを指摘するのは大変ですが，見た目そこそこできている書類に駄目出しするのは比較的簡単です．

・必ず紙に印刷して見る

モニタ上では誤字脱字に気づきにくいものです．図の仕上がりの確認のためにも必ず紙に印刷しましょう．

・声に出して読む

モニタで確認し，紙で確認したら，次は声に出して読んでみましょう．紙上でも見つけられなかった誤字脱字がきっと見つかります．

・色んな人に読んでもらう

2章で取り上げた書面審査セットともからんでいます．読むのはその分野にあまり明るくない審査員かもしれませんので，分野の素人が読んでも内容が理解できる程度にわかりやすく書きましょう．親が読んでも理解できるくらいまでやさしく書きなさいと言われることもあります．友人や家族にも読んでもらって，素人なりの意見に耳を傾けましょう．また，「学振」採用やその他グラント獲得経験がある人の手助けは非常に強力です．もしあなたが「学振」に採用されたら，ぜひ後輩を助けてあげてくださいね．

4.9　これまでの研究には触れないのか？

令和4年度の申請書様式から，「これまでの研究」についての記述欄がなくなりました．これはとても大きな変化だと思います．「学振」の採用に際して，これまでに成し得た研究成果・業績よりも，これから何をしようと思っているのかという未来の話に大きく重心が移ったことになります．

ただし，だからといってこれまでやったことにまったく触れないのはもったいないです．『2.【研究計画】(1) 研究の位置づけ』で着想に至った経緯として，これまでの研究の存在があった人もいると思いますし，当該分野の状況を語る際にすでに自身の研究が最先端であるといったケースもあるでしょう．『4.【研究遂行力の自己分析】』でももちろんこれまでの研究に触れることになりますし，今まで研究をやってきたからこその理想の『5.【目指す研究者像】』もあるでしょう．

というわけで，明示的には「これまでの研究」という欄はありませんが，実際には「これまでの研究」について触れるべき欄はたくさんあります．自分の「これから」を，説得力をもって訴えるために，今一度自分の「これまで」について振り返ってみましょう．

4.10　行き先は早めに決める（PD）

PD申請をしようと思っている人は研究機関移動がありますので，早めに行き先を考えましょう．行き先のラボによってこれからの研究も大きく変

わることになりますし，早く決めておくに越したことはないです．

　行き先をどうやって決めるかは人それぞれなので答えはないと思いますが，筆者の場合は新しい分野を意識しつつ，博士課程の研究とつながりそうな，分野が近い研究者から考えて決めました．ただし，このように博士課程時代の研究とのつながりを意識しすぎるのは，良い点もあれば悪い点もあります．全然つながっていない分野に飛び込んだりする方が研究者としての発展性が見込めると思う人も多いので，新しいことがやりたいのだとアピールすることが重要です．

　筆者が行き先を決めた時期は4月初めでした．実際にはかなり遅い決断だったと思っています．受入研究者とお互いのことをよく知っていたからできたことで，普通はもっと早めに動かないと間に合わないと思います．

4.11　ダメ元でも申請する

　業績が少なくて「学振」を出そうか迷っている人，とりあえずダメ元で申請しましょう．申請書を書くのは確かに時間もかかって大変なのですが，不採用でも評点が返ってくるという大きなメリットがあります（2.5節）．業績が少ないので不利なのはわかっていることですが，それ以外で自分に何が足りないかを把握できる機会はほかにありません．

　また，いつかPI（研究室を主宰する独立した研究者）になったときには研究室運営という仕事が降ってくるわけですが，研究室を運営するためには研究費が必要です．研究費を得るためには，やはり良い申請書を書かねばなりません．良い申請書を書くという能力は，研究者として生きていくために必須なのです．練習だと思ってとにかく書いて出しましょう．M1の学生は博士課程進学を決めたらすぐにDC1申請の準備を始めましょう．

4章の関連情報（URL は変更の可能性があります）

●特別研究員 日本学術振興会　http://www.jsps.go.jp/j-pd/
●申請書等様式　http://www.jsps.go.jp/j-pd/pd_sin.html
●募集要項　https://www.jsps.go.jp/j-pd/pd_sin.html

- ●書面審査セットについて　http://www.jsps.go.jp/j-pd/pd_sinsa-set.html
- ●申請に関する Q&A（PD・DC2・DC1）
  http://www.jsps.go.jp/j-pd/pd_qa.html
- ●面接免除になった学振 DC2 の書類を公開と工夫した点について
  https://kenyu-life.com/2018/09/20/gakushin/
- ●学振の申請書作成に必読なサイトまとめ【DC 申請書】｜ marina ｜ note
  https://note.com/marina_t/n/n9e3af2afecc5
- ●学振の申請書（吉良貴之）（PD）
  http://jj57010.web.fc2.com/gakushin.html
- ●学振 DC に出す後輩へのアドバイス的な何か – 島袋祐次の個人ページ
  http://www.yshimabu.com/index.php/2018/10/13/jsps/
- ●学振 PD に提出した計画書をアップします - こにしき
  http://d.hatena.ne.jp/TerasawaT/20140409/1396945966
- ●科研費 .com 学振・科研費などの書き方のコツを教えます
  https:// 科研費 .com
- ●実際の学振・科研費申請書 科研費 .com
  https:// 科研費 .com/proven-proposal/
- ●学振申請書を磨き上げる 11 のポイント［文章編］Chem-Station（ケムステ）
  http://www.chem-station.com/blog/2013/05/-2013-1.html（前編）
  http://www.chem-station.com/blog/2013/05/post-522.html（後編）
- ●日本学術振興会特別研究員（学振 PD）感想戦 Takefumi Hiraki's Web
  https://takefumihiraki.com/adventcalendar/eeicadv2018/
- ●学振特別研究員になるために〜 2020 年度申請版
  https://www.slideshare.net/tonets/gakushin2020-135999676
- ●大学院でラボを替えて学振 DC1 内定した話 – Kim Biology & Informatics
  https://kimbio.info/dc1/
- ●学振申請に関する経験談 - フラスコを振る
  http://frasco-shaking-ny.hatenablog.com/entry/2018/12/31/170332
- ●学振 DC2 特別研究員（進化生物学）に採用内定したけん学振うどんの話.
  - sun_ek2 の雑記.
  https://blog.sun-ek2.com/entry/2020/09/27/002107

●科研費申請書類の書き方のコツ　http://www.kakenhi.net/
●採択される科研費計画調書の書き方と申請書作成の戦略22のポイント
　http://scienceandtechnology.jp/archives/4461
●『科研費獲得の方法とコツ 改訂第7版〜実例とポイントでわかる申請書
　の書き方と応募戦略』児島将康著，羊土社
●『研究資金獲得法の最前線：科研費採択とイノベーション資金活用のフ
　ロント』塩満典子著，学文社
●『採択される科研費申請ノウハウ―審査から見た申請書のポイント』岡田
　益男著，アグネ技術センター
●田中佐代子．オフィス使いこなし術〈申請書のデザイン〉，生物工学会誌，
　91（12），732-733, 2013．https://www.sbj.or.jp/sbj/sbj_vol91_no12.html
●小野英里．科研費研究計画調書のグラフィックデザイン（2017.12.4）
　http://k-connex.kyoto-u.ac.jp/ja/wp-content/uploads/sites/2/2017/12/
　171204-graphic-seminar-open.pdf
●科研費 LaTex　http://osksn2.hep.sci.osaka-u.ac.jp/~taku/kakenhiLaTeX/
● Cloud LaTex　https://cloudlatex.io
●学振特別研究員のための科研費 LaTex Tips
　https://zenn.dev/kn1cht/articles/kakenhi-latex-tips
●『科研費 採択される3要素 第2版：アイデア・業績・見栄え』郡健二郎著，
　医学書院
●かわいいフリー素材集 いらすとや　https://www.irasutoya.com
●自由に使えるイラストメディア，SASHIE（サシエ）　http://sashie.org
● SILHOUETTE DESIGN －シルエット素材専門サイト
　https://kage-design.com
● human pictogram 2.0（無料人物 ピクトグラム素材 2.0）
　http://pictogram2.com
● Wikimedia Commons　https://commons.wikimedia.org
● Togo picture gallery　https://togotv.dbcls.jp/pics.html
●伝わるデザイン 研究発表のユニバーサルデザイン
　https://tsutawarudesign.com/
●『伝わるデザインの基本 増補改訂版 よい資料を作るためのレイアウトのルー
　ル』高橋佑磨，片山なつ共著，技術評論社

　3人目は数学の理論研究を専門としている新屋さんです．DC2
の期間中にフランス留学もしているので，そのあたりのお話も聞
いてみました．実際の申請書も p.192 で紹介します．

回答して頂いた方：新屋良磨（しんやりょうま）さん
秋田大学 大学院理工学研究科 数理・電気電子情報学専攻 数理科
学コース 助教
平成 26 年度 DC2（総合／情報学／情報学基礎理論）採用

────学振特別研究員申請で工夫したことを教えてください

　私の研究対象は有限オートマトンと呼ばれるもので，計算機科
学（形式言語理論）や代数学（半群論）において古くから重要な研
究対象でありつづけているものです．実際には有限オートマトン
の数理的な構造について興味があったのですが，基礎理論とはい
え「情報学」の枠組みで学振 DC2 に応募することに決めたため，
応用の可能性をアピールすることが重要であると考え申請書類を
作成しました．ここでいう応用とは，具体的に世に役立つような
仕組みや技術のことを指します．

　通常，学振 DC1 に応募するには修士 2 年生のころに，DC2 に
応募するならば博士 1 年生のころに研究計画書を書きます．しか
しこの時期の学生に 2 年あるいは 3 年がかりの研究の計画を精密
に立てさせることはとても難しいと思います．実際，私も DC2
に採用されてからは，申請書類で提案した研究計画よりもかなり
純粋理論的な方向（ただちに世の役に立ちそうもない方向）に研
究を進めることになりました．

────DC2 での留学はいかがでしたか？

　私の研究分野（オートマトン理論）は特にフランスに第一線の
研究者が多くいます．そのため，修士 1 年生の頃からフランスで
研究することに対して憧れをもっていました．しかし留学にはお
金がかかります．学振 DC2 に採用されてから，自分の裁量で自

由に使える研究資金（給料が月20万，研究費が年間100万ほど）が手に入り，フランスへの留学に踏み切る強力な後押しになりました．語学留学や文化を学ぶための留学とは違い，研究のための留学は受け入れ先の機関や先生の選択がとても重要になります．私が希望した先生がいるパリは生活費が東京よりも（円安の影響でかなり！）高めですが，DC2の月20万という支給はパリでも不自由なく暮らせる額であり，その点はとてもありがたかったです．

――――学振DC2の良かった点と不満な点を教えてください

良かった点

　前述した通り，DC2を取得してからの私の2年間の研究は，研究計画書でアピールした応用方面よりも基礎理論方面に集中し，成果をあげています．年度末ごとに提出する「実績報告書」というもので研究計画書提出時からの進捗を報告する義務がありますが，進捗や研究方針に対して学振側からとやかくいわれることはなく，自由に研究できた点はありがたかったです．

不満な点

　不満としては，留学や海外での研究遂行について制限を設けているところです．採用期間の半分以上，つまりDC2であれば1年を超えて海外に行ってはダメでした．また，他の研究奨学金やアルバイト（TA・RA等）に制限がある点も不満の1つでした（筆者注：平成30年度より緩和されています）．さきほど「20万円はパリで暮らすには十分」といいましたが，それでも留学中は生活費以外にもいろいろお金がかかって大変でした．

Chapter

5

申請後にできること

5.1　自分のウェブサイトをつくろう

　5月に無事申請書を提出できたら，ひとまず「学振」のことは忘れて研究に学業にいそしんでほしいのですが，時間があるときにぜひ自分のウェブサイトを作っておきましょう．内容は，名前と所属，研究トピックや論文紹介，論文や学会発表などの発表リストなどを盛り込んでおけば間違いはありません．ラボでウェブサイトを持っているならそのサブディレクトリ下に，もし手近なウェブサーバがなければ Google Site（https://sites.google.com）や Wix（https://ja.wix.com）などの無料サービスを利用するのがよいでしょう．

　なぜ自分のウェブサイトを作る必要があるかというと，審査員はけっこうウェブで検索して申請者のことを調べるからです．一般企業の人事もウェブの検索や SNS 検索を使って応募者のことを調べるともいいますし，別段不思議なことではないのですが，少し審査員の気持ちになってみると，甲乙がつけにくい当落ボーダー付近の申請者の点数付けなどでウェブ検索を使うかなと想像できます．そのとき審査員は，この申請者が頑張っている若者なのかを知りたいわけですが，申請者がただ単に指導教員から降ってきたテーマをこなしているだけなのか，それとも自分でテーマを見つけ出して取り組んでいるのかなどを，ウェブサイトなどを使って判断するのです．もちろん，審査員の心情としては後者に「学振」を取ってもらいたいので，そのアピールの場としてウェブサイトは有効です．

　せっかく「学振」の申請書で業績リストを作ったのですから，ほぼそのまま貼りつけるのでもよいので発表リストとしてウェブサイトに載せておきましょう．さらに自分の発表をこまめにウェブ上に更新しておくようにすると，自分のアピールになるだけでなく，あとで他の申請書を書いたり，「学振」に通ったあとで年1回書くことになる報告書でも役に立ちます．

5.2　採用されたら

「学振」の採用手続き

　見事「採用内定」の画面が映った方，おめでとうございます．「学振」生活が約束されました．これから通知が来たり，手続きについての書類の案

内が来たりしますので，粛々と対応しましょう．**採用手続書類は採用手続ポータルサイトを通じて提出もしくは郵送しますが**，締切が複数あるので注意しましょう．

（採用手続ポータルサイトで入力）

　　・研究遂行経費の希望の有無（3月5日頃まで）［6.2節も参照］

　　・住所等調書・振込銀行調書（3月31日頃まで）

（採用手続ポータルサイトから様式をダウンロードし，郵送）

　　・受入研究機関から入手した採用時受入受諾書（4月9日頃まで）

　　・誓約書（3月5日頃まで）

　　・研究遂行経費に関する調書（3月5日頃まで）［6.2節も参照］

　　・扶養控除等（異動）申告書（4月9日頃まで）

　　・DC資格確認書（DCのみ）（4月9日頃まで）

　　・在学証明書（DCのみ）（4月9日頃まで）

　　・学位取得証明書（PD，RPDのみ）（3月5日頃または4月9日頃まで）

　　・住民票の写しまたは戸籍謄本（RPDのみ）（3月5日頃まで）

が必要になりますので，それぞれ準備を進めます．さらに，

　　・研究倫理教育の受講

が採用手続書類提出前までに必要になりますので，こちらも忘れずに受講しましょう．

　「学振」としての手続きはこれくらいですが，「学振」の研究奨励金は世間でいう給与所得になりますので，それまで実家からの仕送りで生活していたような学生の人も，これから普通の社会人のように各種税金や保険料を納めることになります．そのための手続きとして，国民年金の手続きや国民健康保険の加入なども必要になるでしょう．わからないことがあれば日本学術振興会や自治体に聞いてみるとよいと思います．特に東京都文京区は日本一「学振」採用者が多いため，区役所の人も慣れているという噂です（6章コラム参照）．

　DC1やDC2の場合は，**博士課程の学費を免除できる制度**が所属している大学にないか調べましょう．新学年の場合は4月に（ただし進学者は異なる場合もある），2年目以上の場合は2〜3月に免除申請があることが多いです．学費分をDCの奨励金から支払おうとすると馬鹿にならない金額ですので，所属の大学で免除の可能性があれば申請することをおすすめします（5章コ

ラムも参考にしてください).

　また，正式に採用されると採用通知書が届きます（図5.1）．これが税金関係も含めて色々なところでコピーして使われることになると思いますので，大切にとっておきましょう．

学振養第３号
平成２３年４月２２日

大上　雅史　殿
（領域）工学　（受付番号）8750

独立行政法人日本学術振興会
理事長　小野元之

平成２３年度日本学術振興会特別研究員の採用について（通知）

　貴殿を，平成２３年度採用分日本学術振興会特別研究員に採用することに決定しましたので，お知らせします．
　なお，資格，採用期間及び研究奨励金の額は，下記のとおりです．

記

1．資格
　　ＤＣ１

2．採用期間
　　平成２３年４月１日から平成２６年３月３１日（３年間）

3．研究奨励金
　　月額　２００，０００円
　　（注）ただし，これは平成２３年度分の支給額であり，採用期間中に額を改定した
　　　　場合は，その額を適用します．
　　　　４月分と５月分の研究奨励金は５月２０日付で送金する予定です．

4．義務等
　　特別研究員は研究専念義務及び研究報告書の提出義務を有します．研究に専念して
　　いないと本会が認める場合，又は研究の進捗状況に問題がある場合等には，特別研究
　　員としての採用を取り消すことがあります．

本件に関する連絡先：
独立行政法人　日本学術振興会
研究者養成課　特別研究員採用担当
電　話：（０３）３２６３－５０７０
ＦＡＸ：（０３）３２２２－１９８６
E-MAIL：yousei2@jsps.go.jp

図 5.1　「学振」の採用通知書（筆者が DC1 に採用された時の例）

「学振」採用者は，科研費「特別研究員奨励費」の申請が可能です．普通の科研費の種目では採択率が 10 〜 30％あたりになりますが，この特別研究員奨励費については，**「学振」採用者が申請したらもれなく全員もらえる研究費**です．応募総額は表 5.1 のように定められています．申請しないことを選ぶこともできると思いますが，メリットはないですし，筆者の周辺の「学振」採用者でもらっていない人は見たことがありません．

表 5.1 科研費「特別研究員奨励費」の区分

応募区分	応募総額
PD/RPD・実験系	年間120万円以下
DC1/DC2・実験系	年間100万円以下
PD/RPD・非実験系	年間80万円以下
DC1/DC2・非実験系	年間60万円以下
特別枠	年間150万円以下

注 1：実験系と非実験系の区分は次のとおりです．① 特別研究員申請書の書面合議・面接審査区分が人文学および社会科学の場合，原則として非実験系とします．ただし，フィールドワークなど特に研究経費を要するものについては，実験系または特別枠の応募区分を選択することができます．② 特別研究員申請書の書面合議・面接審査区分が数物系科学，化学，工学系科学，情報学，生物系科学，農学・環境学および医歯薬学の場合は，原則として実験系とします．
注 2：特別枠は，特に研究経費を要するものについて，実験系の応募総額を超えて応募する場合に選択します．理由の妥当性を判断し，認めることがあります．

科研費「特別研究員奨励費」は，採用手続きと同時期（1 月下旬）に申請を行うことになります．科研費電子申請システムを通じて，研究計画調書をウェブフォームに入力して提出します．特別枠へ応募する場合は文章を書く欄が 1 つ増えます（特別枠が認められなくても 0 になるわけではなく，通常区分として扱われます）．詳しくは特別研究員奨励費のウェブサイト（http://www.jsps.go.jp/j-grantsinaid/20_tokushourei/）を参照してください．特別研究員奨励費については，6.4 節でも少し触れています．

科研費の研究計画調書の入力は，基本的に「学振」の申請書で書いたことを要約しながら書いていくイメージですが，研究経費の年度毎の使用内訳

も書いていく必要があります．特に DC 採用の方ははじめての経験かと思いますが，完全に厳密である必要はなく，ざっくりとした研究経費の明細を記入すればよいです．ウェブに公開されている科研費の申請書で研究費欄も公開されているものがありますので，これらは参考になるでしょう（もちろん申請書の例としても大変参考になるかと思います）．

（研究経費欄の例）

・若手研究（筑波大学 駒水孝裕氏，データベース関連）
　https://taka-coma.pro/pdfs/kaken_wakate_2018.pdf
・基盤研究（C）（京都大学 児玉聡氏，哲学）
　http://plaza.umin.ac.jp/~kodama/achievement/kodama_kaken2014.pdf
・若手研究（B）（東京大学 金子弘昌氏，反応工学・プロセスシステム）
　https://datachemeng.com/wp-content/uploads/kakenhi_wakateb_2011_
　kaneko.pdf

その他

　研究する場所が大きく変わる人は，引っ越しなどの準備も進めなければいけません．例年，**4 月分の給与は 5 月分と一緒に 5 月 20 日頃に振り込まれます**ので，最初の 4 月はまったくお金がないという状況に陥る可能性があります．引っ越しがある人は特にですが，4 月はどうしても入用なことが多い時期ですので，あらかじめお金を貯めておくのをおすすめします．

　また，**採用内定を受けたらできるだけすぐに指導教員の先生と受入先の先生，お世話になった先輩などに連絡しましょう**．もしかしたらお祝い会なんかも開いてくれるかもしれません．ちなみに「学振焼肉」という言葉（「学振」を取った人がお世話になった人に感謝の気持ちを込めて焼肉などを奢ること，またはそれをほのめかすジョーク）が twitter などで見られますが，「学振」生活は金銭面ではそこまで豊かではありませんので，まあほどほどに．

▎5.3　不採用だったら

　不採用の結果を受け取ってしまったら，残念ですが気持ちを切り替えて再チャレンジに向けた準備を始めましょう．まずは申請書の何がダメだっ

たかを結果からよく分析することです．2.5節にも書きましたが，申請書の審査結果は総合評価の点に基づいてはいますが，

① 研究計画の着想およびオリジナリティ

② 研究者としての資質

の2項目が総合評価の点数付けで考慮されていますので，この中で何が足りなかったのかは一目瞭然です．たとえば①の点数が良かったけど②が良くなかったという場合は，研究者としての資質＝具体的な研究計画を考えられているか，サーベイがきちんとできていて自身の研究の優位性が示せているか，この研究課題が分野にどの程度の影響をもたらすかを過大過小なく検討できているか，研究遂行力の自己分析や目指す研究者像において具体的な要素や成果物とともに客観的に示されているか，といった観点の記述が弱かったということが考えられます．落とされた申請書なんてあまり見たくないと思うかもしれませんが，**この申請書と審査結果は他に誰も持っていない自分のためだけの改善提案**でもあるのです．再度自分の申請書をよく見直して，次の申請に臨みましょう．

また，「学振」以外の他の助成やポストを考えることも必要かもしれません．学生であれば大学等のリサーチ・アシスタント（RA）や理研JRA制度など，ポスドクであれば理研 基礎科学特別研究員制度なども考えましょう（この点については6章でも紹介します）．

5.4　今からできること〜B4, M1の学生へ

B4やM1の学生諸君，こんな本を手にとってしまったということはきっと将来博士課程に進んで研究者になりたいと思っているのでしょう．そんな君たちが，学振DC1申請に向けて今からできることを書いてみました．

まず，博士に行くか就職するかという話です．いきなり永遠のテーマが出てきてしまいましたね．実際この話をマジメにしだすとそれだけで本が1冊書けてしまいそうなので，この本ではあまり語りません．ただ，最近は以前に比べて博士の企業での活躍の場も増えてきたように感じますし，学振DC以外にも大学でのサポートも増えてきました．博士進学のための環境は確実に改善されていますので，研究者になりたいと思っている人は，

もちろん不安もあるかと思いますが博士課程の進学を真剣に考えてみましょう（もちろん修士卒で研究者になる道もありますし，博士を取って研究者以外になる道だってたくさんあります）．

次に今の研究内容をどこかで発表できるか考えましょう．研究の進捗状況はもちろん，分野の慣習やラボの前例にもよりますので，なかなか誰もが学会で発表できるわけではないですが，学生のうちに学会発表を積み重ねておくと当然申請書に書ける成果物も増えていきます．色んな人の意見があると思いますが，筆者の個人的な意見では学生は学会やセミナーなどに積極的に参加して，同じ分野，ちょっと違う分野，かなり違う分野の，それぞれの同世代や少し上の先輩と知り合っておくのが大事かなと思います．もちろん，色んな人の研究を知ることで，これだ！と思う未来の研究テーマも見つかるかもしれません．また自分が発表することで色んな人が議論に参加してくれて，思いもよらない研究の発展につながるかもしれません．DC1申請を見すえると，査読付き論文をM2の5月までに出せるかどうかが重要ですが，出せない人の方が大多数ですので，まずはこうした学会発表などの活動を積み重ねましょう．さらに，多くの学会では学生向けの発表賞などもあります．受賞できるとこれまた1歩リードできますので，積極的に学会発表を考えてみましょう．

周りに博士進学者や「学振」を出す人がいないので博士進学しても「学振」は無理だなあというあなた，大丈夫です．近くにはいないかもしれませんが，日本の中にはわんさかいます．学会のほかに，世の中には「若手の会」と呼ばれる学生から若手研究者までの会がありますが，そこが分野内交流・異分野交流を企画して進めてくれるケースもよく見かけます（代表的なのは夏の学校と呼ばれる合宿型イベントです）．生物物理学，生化学，脳科学，生命情報科学，情報科学，錯体化学，化学情報学，自然言語処理，細胞生物学，分子科学，有機金属，宇宙生物学など，いろんな分野でそれぞれの若手の会が活動していますので，自分の分野と近い若手の会があったらぜひ足を運んでみてください．筆者も3つの若手の会で運営などを経験しましたが，そこで知り合った人で現在共同研究を一緒に進めている人もいますし，何より知り合いがいろいろなところで活躍しているのを伝え聞く度によい刺激となっています．

5章の関連情報（URL は変更の可能性があります）

- Google Site　http://sites.google.com
- Wix　https://ja.wix.com
- 伝わるデザイン　https://tsutawarudesign.com
- 特別研究員奨励費のウェブサイト
  http://www.jsps.go.jp/j-grantsinaid/20_tokushourei/
- 若手研究（筑波大学 駒水孝裕氏，データベース関連）
  https://taka-coma.pro/pdfs/kaken_wakate_2018.pdf
- 基盤研究（C）（京都大学 児玉聡氏，哲学）
  http://plaza.umin.ac.jp/~kodama/achievement/kodama_kaken2014.pdf
- 若手研究（B）（東京大学 金子弘昌氏，反応工学・プロセスシステム）
  https://datachemeng.com/wp-content/uploads/kakenhi_wakateb_2011_kaneko.pdf

---

コラム　DC 持ちは大学の授業料免除申請ができない !?

　学振 DC で給与をもらっていると，大学での授業料免除制度の申請ができなかったり，明文化はされていないが申請しても免除にならなかったり半額までしか免除にならないといった "うわさ話" をよく耳にします．実際にウェブ上でアンケートを実施し，その回答を以下にまとめてみました．ただし，無記名自己申告のウェブでのアンケートなので信頼できる情報でないことと，アンケート実施時期が 2014 年 10 月であること，年によって状況が異なることに注意してください（東日本大震災が起きた年は全額免除だったがそれ以外の年は半額免除だった，といった報告もありました）．なお，アンケートの結果は https://goo.gl/GlJyk8 から閲覧可能です（Google Form で作成しています）．

DC を持っていても授業料免除の申請が可能
（全額免除の報告があった大学・部局）
東京大学大学院総合文化研究科／大学院理学系研究科

京都大学　大阪大学　東北大学　東京工業大学
東京医科歯科大学　東京外国語大学　筑波大学　岡山大学
横浜国立大学　明治大学

DC を持っていても授業料免除の申請が可能
（アンケート上では半額免除報告しかなかった大学・部局）
東京大学大学院工学系研究科／大学院情報理工学系研究科／大学
院農学生命科学研究科／大学院医学系研究科／大学院数理科学研
究科／大学院人文社会系研究科／大学院薬学系研究科
名古屋大学　九州大学　北海道大学　一橋大学　千葉大学
埼玉大学　愛媛大学　信州大学　東京理科大学

DC を持っていると授業料相当の奨学金を大学からもらえる制度
がある
早稲田大学（参考：早稲田大学 大学院博士後期課程若手研究者養
成奨学金　http://www.waseda.jp/inst/scholarship/aid/programs/
doctoral-students/）

DC を持っていると授業料免除にならない
東北大学大学院文学研究科　総合研究大学院大学　上智大学
藤田保健衛生大学

授業料免除という制度がない
慶応義塾大学　立教大学　北里大学

　なお，筆者が東京工業大学の学生時代は，博士課程の３年間毎
年授業料免除申請を行い，すべて全額免除の結果でした．ただし，
独立生計であるという条件（独立世帯である，住居に関して自分
の名前で賃貸契約等を結んでいる，国民健康保険を自分の名前で
払っている，親等からの仕送りがないことの証明，など）を満た
す必要がありました．

Chapter

6

本当に「学振」が良いのか？
～「学振」の義務や待遇，今後について

6.1 「学振」に課せられる義務

　学振特別研究員は研究奨励金（給料）や研究費がもらえますが，その分義務も課せられます．といっても，研究専念義務＝「学振」以外の身分を持てないというものが1番大きな義務で，その他に報告書の提出などが課せられる程度のものです．以下に募集要項からの抜粋を掲載します．海外留学を考えている場合には，渡航期間に制限が設けられていますので注意しましょう（採用期間の2/3以内）．

特別研究員の義務等（募集要項およびよくある質問より抜粋）

● 特別研究員は，出産・育児に係る採用中断の扱いを受ける場合を除き，申請書記載の研究計画に基づき研究に専念しなければなりません．なお，原則として研究課題，研究計画の変更はできません．また，研究に専念していないと認められる場合，又は研究の進捗状況に著しい問題があるなどの場合には，特別研究員の採用を終了することがあります．

● 特別研究員は，その採用期間中，特別研究員-DC1及び特別研究員-DC2が大学院生の身分（大学院設置基準第三十五条に基づく国際連携専攻における連携外国大学院の学籍を含む）を持つことを除き，原則として特別研究員以外の身分を持つことはできません．（報酬の有無にかかわらず，会社その他の団体の役員になることや，自ら営利企業を営むこと等はできない）

　例外：

　・研究課題遂行に必要であるため，研究施設を利用する等の理由で形式的な身分を持つことはOK

　・報酬を受給するために必要な身分を持つことはOK

　・NPO法人の役員等もOK

● 特別研究員が，常勤職及びそれに準ずる職に就いた場合には，特別研究員の資格を喪失します．

● 特別研究員は学生として海外の大学・大学院に在籍する留学は

できません．国内外の大学・大学院等へ学生として入学する場合は，特別研究員の資格を喪失します（連携外国大学院の学籍を除く）．

● 特別研究員-DC1 及び特別研究員-DC2 が，大学院博士課程を退学停学，休学（出産・育児に係る採用中断又は傷病を理由とする採用中断の扱いを受ける期間を除く．）する場合は，特別研究員の資格を喪失します．

● 特別研究員は，毎年度末及び採用期間終了後速やかに研究報告書を提出しなければなりません．（出産・育児に係る採用中断又は傷病を理由とする採用中断の扱いを受ける期間が一年度の全てにわたった場合を除く．）

● 特別研究員に採用された者は，毎年度末及び採用期間終了時に研究の進捗状況等についての評価が実施される場合があるため，その時は必要書類を提出しなければなりません．なお，本会が必要と認めた場合は，口頭発表・状況報告等を求めることがあります．

● 上記の義務等に反した場合，又は，研究における不正行為，研究費の不正使用，特別研究員としてふさわしくない行為があった場合には，研究奨励金の支給の停止及び支給済みの研究奨励金の返還要求，又は，特別研究員としての採用を取り消すことがあります．なお，採用時に誓約書の提出を求めます．詳細は，採用手続時に配布する「日本学術振興会特別研究員遵守事項および諸手続の手引」に定めます．

● （「海外における研究活動の奨励」より）採用期間中に海外の研究機関等において研究活動（フィールドワーク，資料・文献収集，学会発表等を含む．）を積極的に行うことを奨励します．ただし，渡航期間は採用期間の 2/3 以内とします．

　学振特別研究員の研究奨励金は国費による経済支援であるため，機会均等の観点から学振特別研究員は国費を原資とした奨学金等を重複して受給することは認められていません．以下にダメなものと OK なものを挙げます．

研究奨励金及び特別研究員奨励費以外の資金援助について(手引お
よびよくある質問より抜粋)

受給が認められていないもの
・日本学生支援機構の奨学金（貸与型・給付型ともに）
・国費外国人留学生制度（文部科学省）による奨学金
・大学等が実施する生活費に相当する資金提供
・(留学生) 母国の国費を原資とした奨学金等

**受給が認められているもの（研究専念義務の範囲内で受給するこ
とが条件）**
① 受入研究機関の寄附金，同窓会組織等による生活費に相当する
　資金援助（国費を原資としないもの）
② 自治体，民間企業等が実施する公募による奨学金，助成金（研
　究を目的とする資金含む）
③ 受入研究機関や連携先機関等が 1）〜 4）に使途を限定した資
　金援助（実費相当分）
　　1）授業料の援助に係る助成金の受給（DC のみ）
　　2）研究費の受給
　　　（特別研究員奨励費との重複受給が認められており，特別研
　　　究員の研究課題の研究遂行に支障が生じないことが条件）
　　3）旅費の受給
　　4）受入環境整備に係る資金の受給

受給が認められているもの（特別研究員の制限に該当しないもの）
　預貯金の利子，遺族の受ける年金，児童手当，精神又は身体に
障害のある者が受ける給付金，オリンピック競技大会等において
特に優秀な成績を収めた者を表彰するものとして交付される金品，
保険金及び損害賠償金，相続，遺贈又は個人からの贈与により取
得する金品，自己の資産の譲渡による所得，扶養義務者相互間に
おいて扶養義務を履行するため給付される金品，災害見舞金，弔

慰金，花輪代，葬祭料，税金の還付金，特別研究員の受入環境整備に資する受入研究機関による助成（ベビーシッター利用料の補助等），受取配当金，有価証券利息，印税，株式売却代金，使用目的の定められていない賞金（副賞としての「金券」を含む）など

　また，特別研究員は研究奨励金以外の報酬を一定の条件のもとで受け取ることができます．詳細は以下のように定められています．

報酬受給の可否（手引およびよくある質問より抜粋）

　特別研究員は，労働等によって報酬を受給することができます．但し，次の①〜③の事項の全てを満たす必要があります．
① 特別研究員の研究課題の研究遂行に支障が生じないこと
② 常勤職及びそれに準ずる職ではないこと ※常勤職とは，国内外を問わず，雇用保険や社会保険等への加入条件に該当するような勤務形態（雇用期間が1ヶ月以上かつ週当たりの労働時間が20時間を超える場合）を指す
③ 従事する前に受入研究者に「報酬受給報告書」の内容を報告し，受入研究者が①〜②に該当すると認めていること．

■ 6.2 「学振」の給与の現実，節税の工夫

　「学振」でもらえる研究奨励金は，雇用関係がないので給与ではないのですが，税制上は給与となり課税対象となります．なので，DC で月20万円，PD で36万2千円もらえると書いてありますが，実際はここから所得税が天引きされ，住民税がかかり，国民年金と国民健康保険料の支払い義務が発生します（学振の収入は扶養の壁を超える額ですので家族の扶養には入れません．よって家族の健康保険からも脱退となり，自分で払っていく必要があります）．

　DC の例で考えてみましょう（以下では令和2年度の実際の計算式に近

い計算をしていますが、税率などは年によって異なります）。DC では年間240 万円給与が支払われることになりますので、240 万円 × 0.7 − 18 万円 = 150 万円の給与所得になります（240 万円の方は給与収入と呼ばれます）。ここから基礎控除 38 万円分と、さらに国民年金（年間 198,480 円）や国民健康保険料（年間 15 万円くらい）を払っている場合はその分課税対象から控除されますので、合わせてだいたい年 70 万円として 80 万円が課税所得金額となります。すると、所得税はだいたい税率 5% となり、約 4 万円となります。前年に収入があった人は住民税も支払うことになりますので、自治体や前年収入によって異なりますが約 5 万円払うとします。結果、**収入は年 196 万円、月額にすると 16 万 3 千円となる**ことがわかります。要するに月 20 万円もらえると思って家賃などを考えていると、いつの間にかお金が足りなくなってしまうということになりかねないということです。

ちなみに、「学振」では自営業での経費に相当する「**研究遂行経費申請**」という制度があります。これは、研究奨励費の 3 割以上を経費として使う予定がある場合に申請でき、「学振」からの給与収入をあらかじめ 3 割差し引いた額にして所得計算をしますよという制度です（図 6.1）。

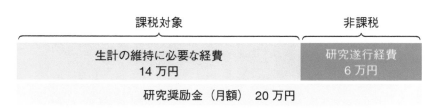

図 6.1 研究遂行経費のイメージ（学振 DC の場合）

要するに、DC だと 240 万円もらっているけど 168 万円しかもらっていないとみなして税金を計算することができるということです。結果、給与所得が約 101 万円となり、国民健康保険料がその分若干減ります。国民健康保険料と国民年金を合わせて 30 万円とすると、課税所得が 40 万円、所得税が約 2 万円となります。住民税も 4 万円とすると、実際の収入は 204 万円になるわけです。

経費として落とせるものとして、「学振」の手引（https://www.jsps.go.jp/

j-pd/pd_tebiki.html）には「学会の会費，学会誌への投稿料，別刷り購入代，学会イベント参加費，旅費，交通費，書籍，PC購入費，家のインターネット回線（研究に必要な場合），文具等，所属機関への交通費」などが挙げられています（当たり前ですが，学会参加の旅費や参加費などを科研費から支払っている場合は計上できません．あくまで自腹を切った分になります．科研費で払ったけど宿泊費で足が出たといった場合はその分を計上できます）．3割ですので，DCでは72万円，PDでは131万円ほどの経費計上が必要ですが，これがあるとないとでは税金の額が倍くらい違いますので，可能性があれば積極的に利用しましょう．

　一般的な節税の工夫についてはこの本の範囲を超えますが軽く触れておきますと，特別研究員は確定申告をすることで還付金がもらえる可能性があります．また，ふるさと納税制度や変額個人年金保険（投資型年金）などの保険料控除枠を生かした投資も，うまく使うことで節税につながります．年間10万円以上の医療費がかかった場合は医療費控除も忘れずに．ネット上にもこのあたりの話を解説したブログ記事などがいくつかありますので参考にしてみてください．

・学振の給料はどのくらい手元に残るのか？
　http://yanaka-nabe.com/day23-504.html
・学振の「研究遂行経費」の制度は使わなきゃ損！？
　https://computational-chemistry.com/top/gakushin-suikohi/
・学振採用後 - 駆け出し研究者の雑記帳
　http://mitsukix.hateblo.jp/entry/2015/10/16/112414

　また，学振DCの場合は**国民年金保険料の学生納付特例制度あるいは保険料免除制度**が使える場合があります．先ほどDCで研究遂行経費申請をした場合の試算で給与所得が約101万円となっていましたが，これは学生納付特例制度の対象となりますし，半額免除の対象にもなります．詳しくは日本年金機構のウェブサイトを参照してください．

6.3 「学振」の良くない面

コラムのインタビューでも何人か指摘していますが,「学振」の良くないところはまず1番に**雇用関係がどことも結べない**ことです.学生の身分をもつ DC については雇用関係がないことも理解できますが,PD や RPD でも雇用関係を結ぶことができません.その結果何が起きるかというと,いわゆる福利厚生が一般企業に勤める人に比べて圧倒的に乏しくなってしまいます.一般企業なら通勤手当や家賃補助などがありますが,「学振」にはありません.一般企業では国民年金にプラスして厚生年金や厚生年金基金が(会社がいくぶんか補助して)積み立てられますが,「学振」は国民年金だけです(国民年金基金への加入は可能です).そもそも雇用でないので,産休・育休などももちろんありませんし(中断は可能ですが),期間が終わった後に就職できなくても失業保険もありません.PD の収入で家族を養うことを考えると,現実的には厳しい収入金額かと思いますが,6.1 節に示した範囲外の副業も禁止されています(雇用でないのに副業を禁止するのは違法ではないかという指摘もありますが).

また,研究機関内での学振 PD の扱いも,機関によりますがけっこう微妙です.学振 PD の科研費には間接経費があるので近年は改善傾向にありますが,以前は学振 PD は大学の職員ではないという理由で大学職員向けの健康診断が受けられないところも多かったそうです.また,健康診断に限らず学生と教員向けのサービスが,学振 PD は対象にならないことが多いです.ソフトウェアライセンスなどの包括契約や割引販売の対象に含まれていないことや,学内で一括購読契約を結んでいる論文誌が学振 PD は読めないといったことがあるなど,学振 PD となる優秀な若手研究者が自由に自立して研究できる環境が十分に提供されているかというと,必ずしもそうとはいえない状況です.

6.4 「学振」の良いところ

ここまで散々ネガティブなことを述べてきましたが,そうはいっても「学振」は非常に名誉あるフェローシップです.当然,履歴書(Curriculum Vitae)にも堂々と記載できるほどのポジションですし,皆が認める業績の1つで

すので，今なお若手研究者の登竜門的存在であることは間違いないと思います．なにより自由に自分のテーマの研究を，研究費付きで進められるのは他にない魅力でしょう．最近は普通のポスドクでも科研費に応募できるようになってきましたが，「学振」でもらえる科研費は「学振」採用者に事実上100%与えられる科研費で，さらに**PDでは他の種目の科研費への申請も認められています**．つまり，科研費の「特別研究員奨励費」と，「若手研究」等を同時にもらうことも不可能ではありません（事実，筆者が採択された科研費 若手研究（B）は，学振PD時代に申請したものです）．

█ 6.5 「学振」と科研費の関係

学振特別研究員は科研費（特別研究員奨励費）がもらえますが，さらに学振PDは科研費（文部科学省／日本学術振興会 科学研究費助成事業）全般の応募資格を得ることができるため，その他の種目の科研費への応募が可能となっています．学振PDが研究代表者として応募できる科研費の種目は，

・学術変革領域研究（A）の公募研究
・新学術領域研究（研究領域提案型）の公募研究
・基盤研究（B）
・基盤研究（C）
・挑戦的研究（萌芽）
・若手研究

の6種目です（令和3年2月現在）．ただし，科研費の応募資格は受入研究機関が付与するものですので，応募資格が必要となった場合には受入研究機関に相談してください．

科研費の中には，新しく科研費の応募資格を得た新任の研究員や教員などが応募できる「研究活動スタート支援」という種目もありますが，こちらは学振PDは応募ができません．実は科研費「研究活動スタート支援」と学振PDは関係がやや複雑です．研究活動スタート支援への応募は5月締切ですが，**研究活動スタート支援は前年の11月上旬以降（科研費締切日以降）に科研費の応募資格を得た人が対象**という，応募者を限定した種目となっています．一方で学振PDが科研費の応募資格を得るかどうかは本人の判

断によります．すなわち，学振PDの間に科研費の応募資格をあえて取得せずに，学振PDを辞めた（満了した）後で科研費の応募資格を得ることで研究活動スタート支援に応募できる可能性はあります．簡単にまとめると以下のような選択肢となります．

1）学振PDの間に（科研費「若手研究」等の申請を目的として）科研費の応募資格を得た場合，その直後に助教等に着任しても研究活動スタート支援には応募できない．

2）学振PDの間に科研費の応募資格を得ていなかった場合，その後の身分で11月上旬〜5月上旬の間に科研費の応募資格を新規に得ると，研究活動スタート支援に応募できる．

■ 6.6 「学振」以外の助成など

　学振DCのように給与が支給される助成は，他にもいくつかあります．月20万円＋研究費年100万円前後というDCに匹敵するものはなかなかありませんが，例えば吉田育英会のドクター21ではDCと同額の20万円が研究奨励金として支給されます．以下，国内の財団等で利用可能な助成制度を挙げます．

博士学生向け

・吉田育英会　大学院生給与奨学金ドクター21（http://www.ysf.or.jp）
　　研究奨励金　月額20万円
　　学校納付金（学費）　給与期間内に最高250万円を限度とする実費
・本庄国際奨学財団　日本人大学院生奨学金（http://www.hisf.or.jp）
　　(1)月額20万円を1年〜2年間
　　(2)月額18万円を3年間
　　(3)月額15万円を3年1ヶ月〜5年間
　　のうち，最終目標とする学位取得までの最短年限にあたる期間を本人が選択します．
・山田長満奨学会　奨学生（https://www.yamada-foundation.or.jp）
　　給付型奨学金　月額12万円（1年間）

- 日本化学工業協会　化学人材育成プログラム
  （https://www.nikkakyo.org）
  給付型奨学金　月額 20 万円（3 年間）
  日本の化学系企業に就職意思を有する者が対象
- 中谷医工計測技術振興財団　大学院生奨学金
  （https://www.nakatani-foundation.jp）
  給付型奨学金　月額 15 万円（博士号取得までの最短修業年限まで）
  医工計測技術および関連分野において博士号の取得を目指す者が対象
- 武田科学振興財団　医学部博士課程奨学助成
  （https://www.takeda-sci.or.jp）
  給付型奨学金　月額 30 万円（2 年間，継続希望者は最長 4 年間）
  国内の指定大学の医学（系）研究科博士課程（基礎医学系）に入学予定
  の医学部医学科卒業見込学生および医学部医学科卒業者が対象
- 旭硝子財団　日本人奨学プログラム（https://www.af-info.or.jp）
  月額 10 万円（3 年間）
  推薦依頼大学院からの応募による
- 双葉電子記念財団　博士後期課程奨学金（http://www.futaba-zaidan.org）
  月額 10 万円（最長 3 年間）
  千葉県又はその周辺（関東地域）の組織に在籍する大学院生向け
- ロータリー米山記念奨学金　博士課程ロータリー米山記念奨学金
  （http://www.rotary-yoneyama.or.jp）
  月額 14 万円（最長 2 年間）
  指定する大学院の外国人留学生 博士課程 2，3 年生（医学系の場合 3，
  4 年生）
- 理化学研究所　大学院生リサーチ・アソシエイト（JRA）
  （http://www.riken.jp/careers/programs/jra/）
  給与：月額 164,000 円（税込）
  通勤手当：規定に基づいて支給（支給限度額：月 55,000 円）
  大学院博士（後期）課程に在籍する柔軟な発想に富み活力のある若手研
  究人材を非常勤として理研に採用し，知識・経験豊富な研究者と一体
  となって研究を展開することにより，理研の創造的・基礎的研究を推

進するとともに，研究所と国内大学等との間の協力関係の強化を図ることを目的としています．

・産業技術総合研究所　リサーチアシスタント制度
（https://www.aist.go.jp/aist_j/collab/ra/ra_index.html）
給与：博士課程時給 1900 円（月 14 日勤務で約 20 万円），修士課程時給 1500 円（月 7 日勤務で月額約 8 万円）
通勤手当：あり
産総研職員のもと自立的に業務を遂行できる優れた研究開発能力を持つ大学院生を，産総研リサーチアシスタント（契約職員）として雇用します．

・卓越大学院プログラム　奨励金制度
日本学術振興会の卓越大学院プログラム事業に採択された大学のプログラムの中には，学振 DC の水準を目安としたプログラム参加学生への奨励金制度が定められています．（東京大学 生命科学技術国際卓越大学院プログラムの例：教育研究支援経費 上限月額 18 万円）

・日本学生支援機構第一種奨学金（http://www.jasso.go.jp/shogakukin/）
無利子の貸与型奨学金ですが，特に優れた業績をあげた大学院第一種奨学生に対する返還免除制度があります．また，博士課程入学時に，貸与終了時に決定する業績優秀者の返還免除を内定する制度（返還免除内定制度）もあります．

　なお，文部科学省は現状の博士課程の待遇改善を目指しており，博士学生 1 万 5 千人に生活費相当額の支援を目指すことを提示しました．学振 DC 等の資金をすでに有している 7500 人に加えて，令和 2 年度第 3 次補正予算から進められる「大学フェローシップ創設事業」や「JST 創発的研究若手挑戦事業」などを通じて，博士課程学生の支援拡大が予定されています．

・博士課程学生支援 約 7000 人対象 1 人年間 290 万円ほど支給へ | NHK ニュース
https://www3.nhk.or.jp/news/html/20201220/k10012774591000.html
・文部科学大臣メッセージ（博士を目指す学生の皆さんへ，2020 年 12 月 15 日）

https://www.mext.go.jp/content/20201215-mxt_jyohoka01-000011639_01.pdf

・令和2年度文部科学省関係第3次補正予算（案）事業別資料集
https://www.mext.go.jp/content/20201214-mxt_kaikesou01-100014477-000_2-1.pdf

・研究力強化・若手研究者支援総合パッケージ（令和2年1月23日）内閣府
https://www8.cao.go.jp/cstp/package/wakate/

博士学生も応募可能な研究費

・JST ACT-X（https://www.jst.go.jp/kisoken/act-x/）
2年4ヶ月，総額600万円前後，戦略分野

・日本科学協会　笹川科学研究助成
（https://www.jss.or.jp/ikusei/sasakawa/）
1年間，100万円，医学以外の全分野

・リバネス研究費　https://r.lne.st/grants/
原則1年間，50万円（金額や分野等は種別による）

・上廣倫理財団 研究者公募助成
（http://www.rinri.or.jp/research_support_kenkyujosei01.html）
100万円または60万円，人文社会科学分野

・サントリー文化財団　若手研究者のためのチャレンジ研究助成
（https://www.suntory.co.jp/sfnd/research/）
100万円，人文学，社会科学分野

・SOMPO環境財団　学術研究助成
（https://www.sompo-ef.org/academic/academic.html）
30万円，人文・社会科学系

博士学位取得後の人向け

・理化学研究所　基礎科学特別研究員
（https://www.riken.jp/careers/programs/spdr/）
給与：月額487,000円（社会保険料，税込，年俸制）
　　その他，通勤手当（実費，上限55,000円/月），住宅手当（家賃の一部）
　　の支給あり

期間：3 年間

赴任旅費の支給あり

理研共済会（互助組織）に入会

研究費：1,000,000 円／年

創造性・独創性に富んだ若手研究者が，理研の研究領域を勘案し，自らが設定した研究課題について，自由な発想で主体的に研究できる場を理研において提供し，将来国際的に活躍する研究者を育成することを目的としています．理研の制度なので当然理研での研究に限られますが，学振 PD を超える高待遇となっています．

・日本学術振興会 卓越研究員事業

（https://www.jsps.go.jp/j-le/）

大学等の機関で，テニュアトラック（はじめは 5 年程度の任期あり職として採用し，任期無しにする審査に合格したら任期無しとする人事制度）で若手研究者を雇用するための制度です．募集に際してまず日本学術振興会が大学等からポストを募集し，そのポストに対して申請者が応募します．審査は日本学術振興会が行い，候補者を決定して研究機関に通知します．その後，マッチング調整を経て採用が決定します．スタートアップとして 1 〜 2 年目に 600 万円／年（上限）の研究費が支援されるほか，研究環境整備費なども措置されます．大学雇用となるので，一般の大学教員と同程度の福利厚生が期待されます．

・産総研イノベーションスクール　イノベーション人材育成コース

（https://unit.aist.go.jp/innhr/inn-s/PD_course）

給与：時給制 2,200 円（フレックスタイム制）

期間：1 年間

博士号取得者（募集時取得見込みを含む）を対象とした 1 年間のコースで，期間中は産総研特別研究員（第 1 号契約職員，ポストドクター）として雇用されます．高度で専門的な知識と技能を活かしつつ社会のさまざまな課題に挑戦してイノベーションを起こす研究者となることを目指し，講義・演習，協力企業での長期研修，産総研での最先端研究に取り組むプログラムです．

6章の関連情報（URL は変更の可能性があります）

●「学振」の遵守事項および諸手続きの手引

　https://www.jsps.go.jp/j-pd/pd_tebiki.html

●学振の給料はどのくらい手元に残るのか？

　http://yanaka-nabe.com/day23-504.html

●学振の「研究遂行経費」の制度は使わなきゃ損！？

　https://computational-chemistry.com/top/gakushin-suikohi/

●学振採用後 − 駆け出し研究者の雑記帳

　http://mitsukix.hateblo.jp/entry/2015/10/16/112414

●吉田育英会 大学院生給与奨学金ドクター 21　http://www.ysf.or.jp

●本庄国際奨学財団 日本人大学院生奨学金　http://www.hisf.or.jp

●山田長満奨学会 奨学生　https://www.yamada-foundation.or.jp

●日本化学工業協会 化学人材育成プログラム　https://www.nikkakyo.org

●中谷医工計測技術振興財団 大学院生奨学金

　https://www.nakatani-foundation.jp

●武田科学振興財団 医学部博士課程奨学助成　https://www.takeda-sci.or.jp

●旭硝子財団 日本人奨学プログラム　https://www.af-info.or.jp

●双葉電子記念財団 博士後期課程奨学金　http://www.futaba-zaidan.org

●ロータリー米山記念奨学金 博士課程ロータリー米山記念奨学金

　http://www.rotary-yoneyama.or.jp

●理化学研究所 大学院生リサーチ・アソシエイト（JRA）

　http://www.riken.jp/careers/programs/jra/

●産業技術総合研究所 リサーチアシスタント制度

　https://www.aist.go.jp/aist_j/collab/ra/ra_index.html

●日本学生支援機構第一種奨学金 http://www.jasso.go.jp/shogakukin/

●博士課程学生支援 約 7000 人対象 1 人年間 290 万円ほど支給へ NHK
　ニュース

　https://www3.nhk.or.jp/news/html/20201220/k10012774591000.html

●文部科学大臣メッセージ（博士を目指す学生の皆さんへ，2020 年 12 月 15 日）

　https://www.mext.go.jp/content/20201215-mxt_jyohoka01-000011639_01.pdf

●令和 2 年度文部科学省関係第 3 次補正予算（案）事業別資料集

https://www.mext.go.jp/content/20201214-mxt_kaikesou01-100014477-000_
2-1.pdf

●研究力強化・若手研究者支援総合パッケージ（令和 2 年 1 月 23 日）内閣府

https://www8.cao.go.jp/cstp/package/wakate/

● JST ACT-X　https://www.jst.go.jp/kisoken/act-x/

●日本科学協会 笹川科学研究助成　https://www.jss.or.jp/ikusei/sasakawa/

●リバネス研究費　https://r.lne.st/grants/

●上廣倫理財団 研究者公募助成

http://www.rinri.or.jp/research_support_kenkyujosei01.html

●サントリー文化財団 若手研究者のためのチャレンジ研究助成

https://www.suntory.co.jp/sfnd/research/

● SOMPO 環境財団 学術研究助成

https://www.sompo-ef.org/academic/academic.html

●理化学研究所 基礎科学特別研究員

https://www.riken.jp/careers/programs/spdr/

●日本学術振興会 卓越研究員事業　https://www.jsps.go.jp/j-le/

●産総研イノベーションスクール イノベーション人材育成コース

https://unit.aist.go.jp/innhr/inn-s/PD_course/

コラム　学振 PD の保育園入園活動（保活）事情など

　学振 PD の立場の不安定さについて取り上げましたが，実際に学振 PD で“保活”も経験された女性研究者の方にお話を伺ってみました．

回答して頂いた方：谷中冴子（やなかさえこ）さん
大学共同利用機関法人 自然科学研究機構 分子科学研究所 助教
平成 23 年度 DC2（生物学／生物科学／生物物理学），平成 25 年度 PD（生物学／生物科学／生物物理学）採用．学振 PD 時代のH25.4 〜 H27.3 は公益財団法人 サントリー生命科学財団に所属，

のち受入教員異動に伴い H27.4 ～ 6 は京都大学工学部に所属.
H27.7 ～ H29.10 現所属 特任助教, H29.11 より現在に至る.

————学振 PD で苦労されたことを教えてください

　現状, 学振特別研究員は雇用形態として「フリーランス・無職」
に分類される立場にあります. 日本学術振興会の学振特別研究員
に対する責任が曖昧であるために, 私が特に不利益を被った点は
以下の 2 点です.

　1 点目は異動の際の補助がないことです. 私は PD の研究室移
動に伴い, 東京から大阪に異動しましたが, その際に多額の費用
を要しました. 初期費用を給与の範囲内で賄うのは難しいです.
今時, 通常の博士研究員でも異動手当が支給されます. 最低限,
まじめに異動を行っている方が不利益を被らないような改善を要
望します.

　2 点目は保育園入園手続きに必要な就労証明が発行されないこ
とです. 受入機関では原則, 学振 PD に就労証明書を発行しません.
保育所利用継続には利用時間の正当性の証明が必要ですが, 日本
学術振興会でも就労時間を明記して頂けません. その結果どうなっ
たかといいますと, 地域の民生委員に「内職・自営業」として就
労時間の承認を頂くことになりました. 就労実態をある程度把握
している所属機関や日本学術振興会は就労実態を証明できず, 日
本学術振興会の存在すら知らない「ただのご近所の方」が就労を
証明している状況は非常にいびつであるといわざるを得ません.
比較的待機児童の多い都心や大都市では,「内職・自営業」は優先
順位の低さから保育園に預けることすら難しい状況です. 学振特
別研究員には RPD という区分もありますし, 学振特別研究員が
子持ちで行政の保育所に預けて働く状況は当然想定されるべきだ
と思います. 現状ですと学振特別研究員は子供を保育園に預けに
くい状態であり, 日本学術振興会が目指す「女性研究者支援」を
大きく妨げる状況であると感じます.

————保育園にお子さんを入れるために特別なことは行いましたか？

　自治体にもよりますが，多くの自治体の認可保育所は，その他の保育園などの利用実績があると申請が通りやすくなります．研究者のための独自の保育施設を有する大学などで利用実績を作った後，自治体の認可保育所に利用申請を出すことをおすすめします．私は東大の学生時代に子供を産んだので，東大の保育園に優先的に入れてもらっていました．その後の異動でも東大時代の利用実績があったので，審査であまり苦労はしませんでした．出産のご予定があるなら，「研究者優先の保育園を所有しており，学振特別研究員の優先に言及しているか」で受入先を判断するとよいかもしれません．

　また，自治体の認可保育所の申請は，今時は4月入所を希望しないとまず入れません．早いところは10月くらいで申請を締め切っていることがありますが，学振の結果が出るのは10月末．学振PDとして新しくどこかの認可保育所に利用申請しようとする場合，間に合わない可能性があるのがネックです．私は11月以降まで入園申請を受けつけている行政地区かどうかで，引越し先を決めました．待機児童の多くない地区に引っ越せば，保育所の審査でそこまで不利にはならないと思います．

————就労証明書の発行はどうでしたか？

　サントリー生命科学財団時代は，事務の方の粋な計らいで就労証明書を出してもらっていました．京都大学工学部では通り一遍に就労証明の発行を断られました．なお，聞いた話によると，東京都文京区は学振特別研究員が日本一多いこともあって立場をよく理解してくれるそうで，区の指示通りの証明書を準備すればフルタイム勤務とみなしてもらえるそうです．

————ところでPDの受入先はどのように決めましたか？

　大学院の時に，「生化学若い研究者の会」の夏の学校でオーガナイザーをした菅瀬謙治先生とNMRの共同研究を開始しました．

卒業後も NMR の勉強を続けたいと思い，菅瀬先生のところに学振 PD をアプライしました．菅瀬先生との関係構築までたどれば M1 にまで遡ります．菅瀬先生は文章を書くのが得意で，DC2 申請の時もお世話になりました．PD の書類自体は半年前から準備を始め，菅瀬先生と何回もやり取りを行いました．

――――学振 DC・PD のココが良かったと思うことは？

自分の立案したテーマの研究を学生および博士研究員の身分で公明正大に遂行できる点がすばらしいと思います．しかし最近はポスドクでも科研費に応募できるので，その魅力は学振 PD にはあまり適用されないかもしれませんし，結局は上司との関係によると思います．あとは，なんとなく肩書としてかっこいい気がするのと，給与がもらえる点は学生としては大きいでしょう．

――――今後の学振 PD や日本学術振興会に期待することはなんですか？

やはり学振 PD は日本学術振興会の雇用にするべきだと思います．学振 PD は研究環境を変更することが推奨されていますが，現在採用されている学振 PD で異動を見せかけるケースが成立しているのを散見しておりますし，このまま所属先も日本学術振興会も就労を管理できない状況を許すと，機関移動の要件は容易に形骸化することでしょう．保活の大変さは先ほど述べましたが，子供をもつ研究者のためにも，また機関移動制度の管理の目的としても，雇用関係がないとしている現行制度は改善されることを期待します．学振特別研究員制度が，謳い文句である「優秀な若手研究者が自立して研究に専念できる」環境を真にもたらすことを願います．学振 PD の 4 年化・5 年化は大変結構ですが，現行のシステムで採用期間が長期化されることは賛同しかねます．

Appendix
実際の学振申請書

　筆者が独自に作成した最新令和4年度申請様式の学振申請書と，筆者が実際に出した学振申請書，さらに5名の方から提供いただいた学振申請書の，計8件分の申請書を掲載しました．以前のものは，現在とはページ数構成や記入内容，細かい指示文句などが異なっていることに注意してください．

Sample ❶ 筆者（東京工業大学）令和4年度申請様式版
平成23年度DC1（面接候補を経て採用）の申請書を令和4年度申請様式で書き直したもの
審査区分：情報学／情報科学, 情報工学, 応用情報学, およびその関連分野
　　　　　／生命, 健康および医療情報学関連

Sample ❷ 筆者（東京工業大学）
平成26年度PD, 書面審査で採用
審査区分：総合／情報学フロンティア／生命・健康・医療情報学

Sample ❸ 平木剛史さん（大阪大学）
平成31年度PD, 書面審査で採用
審査区分：情報学／人間情報学およびその関連分野
　　　　　／ヒューマンインターフェースおよびインタラクション関連

Sample ❹ 平木剛史さん（東京大学）
平成29年度DC2, 書面審査で採用
審査区分：総合／人間情報学／ヒューマンインターフェース・インタラクション

Sample ❺ 筒井一穂さん（東京大学）
令和2年度DC1, 書面審査で採用
審査区分：人文学／思想, 芸術およびその関連分野／哲学および倫理学関連

Sample ❻ 余越　萌さん（大阪大学）
平成26年度DC1, 面接審査を経て採用
審査区分：医歯薬学／基礎医学／病態医化学

Sample ❼ 寺田愛花さん（東京工業大学）
平成25年度DC2, 書面審査で採用
審査区分：工学／情報学／生体生命情報学

Sample ❽ 新屋良磨さん（東京工業大学）
平成26年度DC2, 書面審査で採用
審査区分：総合／情報学／情報学基礎理論

Sample ① 筆者による申請書（平成23年度 DC1 申請，面接候補を経て採用の申請書を，令和4年度申請様式で書き直したもの）

研究課題名：立体構造情報に基づいた網羅的タンパク質間相互作用予測システムの開発
審査区分：情報学／情報科学，情報工学，応用情報学，およびその関連分野／生命，健康および
医療情報学関連

（DC 申請内容ファイル）

> **2．【研究計画】**※適宜概念図を用いるなどして，わかりやすく記入してください。なお，本項目は1頁に収めてください。様式の変更・追加は不可。
>
> **(1) 研究の位置づけ**
> 特別研究員として取り組む研究の位置づけについて，当該分野の状況や課題等の背景，並びに本研究計画の着想に至った経緯も含めて記入してください。

タンパク質間相互作用研究の状況

　私は，計算機を用いて生命科学の問題を解くバイオインフォマティクスの研究を行っており，特別研究員として<u>タンパク質間相互作用（Protein-Protein Interaction, PPI）の大規模計算による予測という問題</u>に取り組む計画を立てた。PPI とは，生体内のタンパク質が互いに結合などの相互作用をすることによって，機能の促進・抑制や新たな機能の獲得が行われる現象である。PPI の変調が原因である疾病も存在し，タンパク質が相互にどのような制御関係にあるかを理解することが，病因の解明や薬剤の設計において注目されている [1]。特に近年では大規模な PPI ネットワークを解明しようとする研究が盛んに行われるようになった [2]。しかし，PPI の検出法は Y2H 法や MS/MS 法をはじめとする生物学的実験手法が主流で

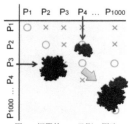

図1　網羅的 PPI 予測の概略

ある。タンパク質は日々新たに発見され続けており，実験コストは増加する一方であるため，計算機による<u>PPI 予測手法，特に多数のタンパク質群に対する網羅的な PPI 予測</u>（図1）への期待が高まっている[2]。

当該分野の課題

　計算機による PPI 予測手法の現状の課題を挙げる。

1. タンパク質配列情報と既知の相互作用情報に基づいた教師あり学習による予測手法が多く提案されている[3]。だが，これらの手法は<u>既知 PPI の類似配列に囚われるため，新奇の PPI の発見が困難</u>である。
2. 構造情報を扱うべく，分子動力学法などの分子シミュレーション手法を利用した PPI 予測手法も提案されている[4]。しかし，<u>分子動力学法では1組のタンパク質ペアに対する計算だけで数日から数週間の時間を要するため</u>，多くのタンパク質間での PPI の予測に利用するには全く現実的ではない。
3. タンパク質を剛体と仮定するドッキング計算を用いることで計算時間を削減できる。代表的なソフトウェアにマサチューセッツ大の Weng らが開発した ZDOCK[5]があり，<u>1組のペアの予測が数時間レベル</u>で行える。しかし<u>この計算時間では，網羅的な PPI 予測に利用するにはまだ現実的ではない</u>。

本研究計画の着想に至った経緯

　私は修士課程の研究で，タンパク質の立体構造を剛体モデルとして計算する<u>ドッキング計算を高速化する研究を行ってきた</u>。従来は複素数で表現されていた形状相補性のスコアモデルに対し，実数のみで表現した新たな形状相補性のスコアモデルである real Pairwise Shape Complementarity (rPSC) モデルを考案し，<u>独自のオープンソースソフトウェア MEGADOCK として実装した</u>。これにより，ZDOCK の約4倍の計算高速化を達成した（査読付論文誌 投稿中[6]）。しかしながら，創薬のターゲットとなるような PPI には，立体構造が分かっていないものや，構造的な揺らぎを持つものも多く存在するため，そのようなタンパク質も扱えるようにする必要があると考えた。また，<u>生体内の PPI ネットワーク解析のためには，さらに数千倍以上の計算高速化が必須</u>であった。スコアモデルの改良に加えて，私が所属する東京工業大学のスーパーコンピュータ TSUBAME 2.0 に適した並列実装を組合せることで，これを達成できると考えた。

参考文献

[1] Ideker T & Sharan R. *Genome Res*, **18**(4):640-652, 2008.　　[2] Ravasi T, *et al. Cell*, **140**(5):744-752, 2010.
[3] Shen J, *et al. PNAS*, **104**(11):4337-4341, 2007.　　[4] Boehr DD, *et al. Nat Chem Biol*, **5**(11):789-796, 2009.
[5] Mintseris J, *et al. Proteins*, **69**(3):511-520, 2007.　　[6] 大上，他. 情処論:数理モデル化と応用（投稿中）.

142　Appendix

(2) 研究目的・内容等
① 特別研究員として取り組む研究計画における研究目的、研究方法、研究内容について記入してください。
② どのような計画で、何を、どこまで明らかにしようとするのか、具体的に記入してください。
③ 研究の特色・独創的な点（先行研究等との比較、本研究の完成時に予想されるインパクト、将来の見通し等）にも触れて記入してください。
④ 研究計画が所属研究室としての研究活動の一部と位置づけられる場合は申請者が担当する部分を明らかにしてください。
⑤ 研究計画の期間中に受入研究機関と異なる研究機関（外国の研究機関等を含む。）において研究に従事することも計画している場合は、具体的に記入してください。

① 研究目的、研究方法、研究内容

研究目的 本研究では、MEGADOCK によるタンパク質ドッキング計算の 1000 倍以上の高速化を達成し、タンパク質の構造情報を利用した大規模 PPI 予測を行うことを目的とする。さらに、創薬に関わる重要な生物系への応用を目指す。

数千倍の計算高速化による網羅的なPPI予測の実現

図2　本研究の実施項目(1)〜(3)の概要

研究方法・研究内容 以下の 4 つの項目に従って研究を実施する（図2）。

項目(1) 剛体グリッドモデルにおける構造探索の評価関数を簡素化し、精度を維持しつつも高速に計算可能な新しい評価関数を設計する。1 つの複素関数に 3 つの物理化学的効果の項を含む独自の評価関数を提案することで達成する（図3）。

項目(2) ネットワークレベルの大規模予測を行うためには大量の計算を迅速に行う必要がある。複数構造の並列計算を行うために、大規模並列計算機で計算を行うための効率的な並列実装を行う。

項目(3) 近年では GPU アクセラレータ搭載型の計算機が主流になりつつある。CUDA による GPU 実装を行い、GPU による 10 倍以上の計算の加速を達成する。実装の対象は東工大のスーパーコンピュータ TSUBAME 2。0 とする。

項目(4) タンパク質構造データベースから構造情報を取得し、パスウェイデータベースの情報と組み合わせて新規 PPI の検出を試みる。PPI の関係性がよく知られているバクテリア走化性シグナル伝達ネットワークや、未知の PPI が数多く存在すると考えられるヒトアポトーシスシグナル伝達ネットワークを対象とする。

② どのような計画で、何を、どこまで明らかにしようとするのか

項目(1)　精度を維持したまま計算時間の削減を可能とする新規評価関数の提案（採用前〜2 年目前半）

　修士課程で提案した実数のみで形状相補性を表現する rPSC モデル [6] を活用し、静電相互作用（クーロン力）と脱溶媒和自由エネルギー項を追加する（図3）。このとき、脱溶媒和を表す接近原子対のエネルギー表をそのまま使うのではなく、相互作用相手となる分子表面に対して平均化した値を用いることで、積和演算を大幅に減らすことができると考えている。従来法 ZDOCK [5] と比較して、同じ計算資源下で最大 10 倍の計算高速化を図る。平均化した値を用いることによる予測精度の低下の可能性があるが、その場合は 50 件以上の PPI によるベンチマークデータセットを用い、rPSC も含むパラメータの探索を再実施して最適なパラメータを得ることで、精度低下を極力抑える。

図3　項目(1)の概要

（研究目的・内容等の続き）

項目(2) 大規模並列計算機向けの並列実装（1年目〜2年目前半）

「京」やTSUBAMEはコア数に対するメモリ搭載量が比較的少ないため、単純に複数のMPIプロセスをノード内で同時実行するとメモリが枯渇する恐れがある。そのため、MPIによるノード間プロセス並列とOpenMPによるノード内スレッド並列を組合せたハイブリッド並列化による実装が、並列実装として最適であると考えられ、実際に実装して確認する。強スケーリング（同一問題サイズ下での並列化効率）で約90%以上の並列化効率を目標とする。

項目(3) CUDAによるGPU実装（2年目前半〜後半）

TSUBAMEに搭載されているGPUを活用するため、CUDAによるGPU実装を行う。2つのタンパク質のうち片方の構造の回転に対するループをGPUスレッドに割り当てることで、迅速に計算が可能であると考えられる。MEGADOCKは高速フーリエ変換（FFT）の汎用ライブラリを必要とするが、CUDA内のCUFFTライブラリを使うことで計算が可能である。今後のGPUの性能向上次第であるが、CPU利用時に比べてTesla M2050 GPU利用時に約20倍程度の高速化を目指す。

項目(4) パスウェイデータベースの情報から新規PPIを予測する（3年目前半〜後半）

項目(1)〜(3)が想定通りに完了した場合、TSUBAMEの100ノード同時計算により1800倍前後の高速化が達成される新たなPPI予測ソフトウェアMEGADOCKが開発されることになる。これは1日で約4万ペアのPPIが予測できる速度であり、これによりネットワークレベルの計算が可能となる。このMEGADOCKを用いて、新規PPIの予測を実際に行う。

タンパク質構造データベースからバクテリア走化性シグナル伝達ネットワークとヒトアポトーシスシグナル伝達ネットワークの構造を収集し、MEGADOCKによる全対全計算を実施する。構造が得られていない一部のタンパク質については、Modeller [7] 等のソフトウェアを用いて構造モデリングを行い、複数の構造を準備する。全対全計算の結果、MEGADOCKによって予測されたPPIがどの程度既存のPPIをカバーするかをKEGGパスウェイデータベース [8] で確認し、その時点において偽陽性となった予測PPIが新規のPPIである可能性についてBioGrid [9] などの実験PPIデータベースを検索して確認する。

③ 研究の特色・独創的な点

・**本研究の特色** 本研究の特色は以下の3点である。
1. 立体構造情報を活用し、実際の物理化学的な現象をモデル化した本質的なPPI予測手法である点。
2. 剛体グリッドモデル計算の高速化を、精度を維持したまま行う新しい評価関数を設計する点。
3. 大規模並列計算機環境上での効率的な実装を行い、PPIの網羅的な予測を実現する点。

・**先行研究との比較**
多数のタンパク質の立体構造から網羅的にPPI予測を行う研究は未だかつて存在しない。1つのペアに対する予測手法には精度に特化した別の手法も存在する[10]が、本研究のように大量のPPIを対象とする発想の研究は行われていない。

・**予想されるインパクト、将来の見通し**
本研究の完成によって、これまで明らかにされていなかった新たなPPIを見出すことが可能となる。構造生物学やシステム生物学などの基礎研究分野の理解が進むだけでなく、新しい創薬ターゲットを発見する研究にも寄与し、作用機序が未解明な薬剤のメカニズム解明、未解明の副作用の原因究明などにも繋がる可能性がある。2010年時点で80兆円と推定される低分子医薬品市場のさらなる拡大に貢献するものと考える。

④ 申請者が担当する部分

項目(1)〜(3)については申請者が全て担当する。項目(4)の実施の際には、所属研究室の松崎由理博士研究員にシステム生物学の観点からの助言を頂く。また、松崎研究員が従事するプロジェクトにより「京」のアカウントが取得できた場合には、「京」上の実装を項目(2)に追加する形で松崎研究員と協力して実施する。

参考文献
[7] Šali A, *et al. Proteins*, **23**(3):318-326, 1995.　　　　[8] Kanehisa M, *et al. Nucl Acids Res*, **38**(S1):D355-360, 2010.
[9] Breitkreutz B-J, *et al. Nucl Acids Res*, **36**(S1):D637-640, 2008. [10] Kozakov D, *et al. Proteins*, **65**(2):492-406, 2006.

3. 人権の保護及び法令等の遵守への対応 ※本項目は1頁に収めてください。様式の変更・追加は不可。

本欄には、「2. 研究計画」を遂行するにあたって、相手方の同意・協力を必要とする研究、個人情報の取り扱いの配慮を必要とする研究、生命倫理・安全対策に対する取組を必要とする研究など法令等に基づく手続が必要な研究が含まれている場合に、どのような対策と措置を講じるのか記入してください。例えば、個人情報を伴うアンケート調査・インタビュー調査、国内外の文化遺産の調査等、提供を受けた試料の使用、侵襲性を伴う研究、ヒト遺伝子解析研究、遺伝子組換え実験、動物実験など、研究機関内外の情報委員会や倫理委員会等における承認手続が必要となる調査・研究・実験などが対象となりますので手続の状況も具体的に記入してください。

なお、該当しない場合には、その旨記入してください。

　本研究課題で使用する薬剤情報・タンパク質構造情報は全て公開データを用いるため、該当しない。本研究成果の発展により生化学実験を伴うような共同研究等が行われる場合は、相手方の規定に従う。

4.【研究遂行力の自己分析】※各事項の字数制限はありませんが、全体で2頁に収めてください。様式の変更・追加は不可。

本申請書記載の研究計画を含め、当該分野における(1)「研究に関する自身の強み」及び(2)「今後研究者として更なる発展のため必要と考えている要素」のそれぞれについて、これまで携わった研究活動における経験などを踏まえ、具体的に記入してください。

(1) 研究に関する自身の強み

・研究における主体性

私は高専5年次に初めてバイオインフォマティクス研究に触れ、情報工学の技術で生物学の問題を解決できる可能性に惹かれた。高専では遺伝子発現データの分類に関する研究を、大学〜修士課程ではタンパク質間相互作用の計算に関する研究を行ってきたが、周囲の研究者の助言のもと、常に主体的に研究を進めてきた。萌芽的な成果でも研究会や国際会議などで積極的に発表し、専門家との議論を自身の研究に活かす努力をしてきた。査読付き論文は投稿中であるが、査読なしの成果として4件のテクニカルレポート (成果1〜4)と8件の学会発表 (成果5〜12) があり、開発したソフトウェアはソースコードを含めて公開した (成果18)。

・発想力、問題解決力

私が修士課程で主に行ってきた研究 (成果1, 5, 6, 10) は、それまで複素関数で表されていた数理モデルを実数のみで表現するというアイデアに基づいており、一見単純ではあるがそれまで行われていた計算のコストを大きく減じることに成功した。さらに、機械学習を組合せる試み (成果2, 7) や、簡易的なエネルギー計算を組合せる試み (成果3, 11 ,12) など、アイデアを次々と実行に移して問題解決を図ってきている。このような高い発想力と問題解決力が私の強みであると考えている。

・知識の幅・深さ、技量

バイオインフォマティクス分野は、単に計算手法を知っているだけでは真に重要な生物学の実問題を解くことが難しく、解くべき実問題を見出すためには情報工学と生物学の両者の幅広い知識が必要となる。私はバイオインフォマティクスに出会うまでは情報工学の知識を学ぶことに注力した。高専は学科首席で卒業し(成果15)、関連資格の取得も積極的に行った。高専2年次に基本情報処理技術者試験、高専3年次にソフトウェア開発技術者試験に合格し、高専4年次では文部科学省後援 ディジタル技術検定 第31回情報部門1級にトップ合格、文部科学大臣奨励賞を受賞した (成果13)。バイオインフォマティクスの研究に興味を持ってからは、バイオインフォマティクス技術者認定試験に合格するなど、両分野の知識を広く吸収していこうと努めている。実際にタンパク質間相互作用を予測するソフトウェアも開発した (成果18)。原子パラメータの設定部分を除けば C++コードでおよそ3000行ほどの規模であるが、汎用ライブラリ (高速フーリエ変換FFTW) の実装を理解して自身のソフトウェアに組込むなど、プログラム実装に関しても高い技量を有していると考える。また、プログラミング以外にも、例えば制御工学は細胞内ネットワークのモデル化に利用されシステム生物学と深いつながりを持つなど、バイオインフォマティクス研究を進める上で高専〜大学で培ってきた広い専門知識は非常に役に立っている。

・コミュニケーション力

研究会等に積極的に参加し、バイオインフォマティクス分野の研究者とのコミュニケーションを積極的に進めてきた。また、同じ研究科の異なる研究室との合同ゼミを通じて、情報工学の他分野の先端知識の習得に努めた。

・プレゼンテーション力

学会等に積極的に演題投稿を行い、プレゼンテーション力の向上に励んできた。プレゼンテーション能力が認められ、3件の学会からの賞 (成果14, 16, 17) の受賞に至った。

成果－学術論文 (全て査読なし)

1. 大上雅史, 松﨑裕介, 松崎由理, 佐藤智之, 秋山泰. 物理化学的相互作用の導入による網羅的タンパク質間相互作用予測システムの高精度化, *情処研報*, 2009-BIO-17(11):1-8, 2009.
2. 大上雅史, 松﨑裕介, 松崎由理, 秋山泰. 網羅的タンパク質相互作用予測システムにおける判別精度の改良, *情処研報*, 2009-BIO-18(3):1-8, 2009.
3. 大上雅史, 松﨑裕介, 松崎由理, 佐藤智之, 秋山泰. リランキングを用いたタンパク質ドッキングの精度向上と網羅的タンパク質間相互作用予測への応用, *情処研報*, 2010-BIO-20(3):1-8, 2010.
4. 大上雅史, 松崎由理, 松﨑裕介, 佐藤智之, 秋山泰. MEGADOCK: 立体構造情報からの網羅的タンパク質間相互作用予測とそのシステム生物学への応用, *情処研報*, 2010-MPS-78(4):1-9, 2010.

成果－国際会議における発表（全てポスター発表・査読なし）

5. <u>**Ohue M**</u>, Matsuzaki Y, Matsuzaki Y, Akiyama Y. Improvement of all-to-all protein-protein interaction prediction system MEGADOCK, *CBI-KSBSB Joint Conference (Bioinfo2009)*, no.10-101, Korea, Nov 2009.

6. <u>**Ohue M**</u>, Matsuzaki Y, Matsuzaki Y, Akiyama Y. Improvement of all-to-all protein-protein interaction prediction system MEGADOCK, *The 20th International Conference on Genome Informatics (GIW2009)*, no.033, Kanagawa, Dec 2009.

7. <u>**Ohue M**</u>, Matsuzaki Y, Matsuzaki Y, Sato T, Akiyama Y. MEGADOCK:An all-to-all protein-protein interaction prediction system:Improving the accuracy using boosting andbinding energy reranking, *The 2nd Bio Super Computing Symposium*, no.55, Tokyo, Mar 2010.

成果－国内学会・シンポジウムにおける発表（全て査読なし）

8. <u>大上雅史</u>, 越野亮. 決定木による白血病遺伝子の自動分類ルールの抽出, 平成18年度電気関係学会北陸支部連合大会, F-57, 石川, 2006年9月.（口頭発表）

9. <u>大上雅史</u>, 越野亮. 遺伝子発現データ解析における遺伝子偏差を用いた前処理方法の提案, 第69回情報処理学会全国大会, 1M-7, 2007年3月.（口頭発表）

10. <u>大上雅史</u>. 物理化学的相互作用の導入によるタンパク質相互作用予測の高精度化, 第8回データ解析融合ワークショップ, 東京, 2009年3月.（口頭発表）

11. <u>大上雅史</u>, 松﨑裕介, 松﨑由理, 佐藤智之, 秋山泰. リランキングを用いたタンパク質ドッキングの精度向上と網羅的タンパク質間相互作用予測への応用, 第2回データ工学と情報マネジメントに関するフォーラム(DEIM2010), E4-4, 兵庫, 2010年3月.（口頭発表およびポスター発表）

12. <u>大上雅史</u>. MEGADOCKにおける評価関数の改良とリランキングの導入, 第10回データ解析融合ワークショップ, 東京, 2010年3月.（口頭発表）

成果－受賞

13. <u>大上雅史</u>. ディジタル技術検定1級情報部門 文部科学大臣奨励賞 受賞, 2006年2月.

14. <u>大上雅史</u>. 電子情報通信学会北陸支部 学生優秀論文発表賞 受賞, 2006年9月.

15. <u>大上雅史</u>. 石川工業高等専門学校 電子情報工学科 学業成績優秀賞 受賞（首席卒業）, 2007年3月.

16. <u>大上雅史</u>. 2009年情報処理学会バイオ情報学研究会 学生奨励賞 受賞, 2010年3月

17. <u>大上雅史</u>. 第2回データ工学と情報マネジメントに関するフォーラム 学生奨励賞 受賞, 2010年3月.

成果－公開ソフトウェア

18. タンパク質剛体ドッキングソフトウェア MEGADOCK　https://www.bi.cs.titech.ac.jp/megadock/

(2) 今後研究者として更なる発展のため必要と考えている要素

　私は、異分野の研究者とのコミュニケーションを取るための能力、さらに高度なプログラミング技能などを含む課題解決能力、成果を発表するための表現能力の3つの要素が、今後更なる発展のために必要と考えている。以下にその理由を述べる。

要素1　異分野の研究者とのコミュニケーションを取るための能力

　バイオインフォマティクスの研究を始めてから学会等で専門家とのコミュニケーションに励んでいるが、十分ではないと感じている。生物物理若手の会や生化学若い研究者の会などの学生・若手研究者コミュニティにも参加し、<u>生物学の言葉を肌で理解し、より深いコミュニケーションを取れるようになること</u>が重要である。

要素2　さらに高度なプログラミング技能などを含む課題解決能力

　東工大のスパコン TSUBAME や理研の「京」に代表される大規模な計算環境をフルに活用するためには、MPI実装やCUDAによるGPUプログラミングの技能が必要となる。プログラミング技能も含め、今後計算機やデータの大規模化によって必要となる技術は刷新されていくため、<u>求められる課題に対して適切に道具を選べるよう技術・知識のアップデートを欠かさないこと</u>が重要である。

要素3　成果を発表するための表現能力

　何度か国際会議に参加した経験から、英語で成果を表現する能力に難があると感じている。語学力を向上させ、また国際論文誌への論文投稿や国際会議での発表を積極的に行うことで、<u>表現能力を身につけて国際的に活躍する研究者を目指すこと</u>が重要である。

5.【目指す研究者像等】※各事項の字数制限はありませんが、全体で1頁に収めてください。様式の変更・追加は不可

　日本学術振興会特別研究員制度は、我が国の学術研究の将来を担う創造性に富んだ研究者の養成・確保に資することを目的としています。この目的に鑑み、(1)「目指す研究者像」、(2)「目指す研究者像に向けて特別研究員の採用期間中に行う研究活動の位置づけ」を記入してください。

(1) 目指す研究者像 ※目指す研究者像に向けて身に付けるべき資質も含め記入してください。

　私は中学時代より計算機に興味を持っており、石川工業高等専門学校 電子情報工学科に入学した。高校1年から学べる専門性の高い授業に感動し、また講義と研究を両立して行う先生方の姿を見て、いつしか自分も最先端の研究をしながら、それを学生へ、社会へと伝えられる研究者になりたいと思うようになった。

　高専では5年次に卒業研究を行うことになる。私の配属先の研究室では人工知能や機械学習・最適化理論などを扱っていたが、そこで紹介して頂いたバイオインフォマティクスという分野に大きな興味を抱いた。計算機によって生命の神秘が解明でき、不治の病を治せるようになるかもしれない。私は幼少期から喘息に苦しめられていたこともあって、それまで生物学にはほとんど触れてこなかった身ではあるが是非とも取り組んでみたいと思い、研究テーマを決めた。実際に研究を始めてみるとバイオインフォマティクスという学問の難しさを知った。生物学の深い知識が当然ながら必要であり、自分のあまりの無知ぶりに愕然とした。白血病患者の遺伝子発現量データから機械学習の手法で病態判別を行う問題に取り組んでいたが、疾病に関する知識は付け焼き刃で、なんとか1年で一定の成果を出すことはできたが決して満足のいくものではなかった。もっと多くの知識を身につけて研究に挑戦したいと思い、編入先の東京工業大学でもバイオインフォマティクスが研究できる研究室の配属を希望した。大規模並列計算機が自由に使える恵まれた環境での研究活動はとても新鮮であり、申請者はタンパク質間相互作用の研究に没頭することができた。また、生物学の言葉と情報工学の言葉の両方を使いこなす周囲の研究者の存在は、私への大きな刺激となった。

　修士課程を踏まえて、特別研究員としてタンパク質相互作用予測についての研究を進めようと計画しているが、将来的にはゲノム情報科学や薬物動態学など他のバイオインフォマティクスの応用分野も視野に入れた研究を行いたいと思っている。単に自分の知的欲求を満たすというだけではなく、喘息治療薬やガン治療薬などの開発などに繋がる可能性を夢見ている。社会に成果を広めるためには、自らの研究を一般の人にも広く知ってもらうことが必要だと思っており、そのためには研究内容を明快に説明する力や、応用領域での実践力といった資質を身につけるべきであると考えている。将来はアカデミックポストを目指しており、研究活動のみに留まらず、アウトリーチの工夫や教育活動にも力を入れたいと考えている。最先端の学際研究を展開しつつ、学生へ、社会へと伝えられる研究者、成果を社会へ還元できる研究者を目指したい。

(2) 上記の「目指す研究者像」に向けて、特別研究員の採用期間中に行う研究活動の位置づけ

　特別研究員の採用期間中の研究活動を通じて、p.8 に挙げた**今後研究者として更なる発展のため必要と考えている3つの要素**を習得し、最先端の学際的成果を社会へ伝える研究者を目指す。そのために、研究成果は査読付き国際論文誌または査読付き国際会議フルペーパーとして出版し、国際会議での発表も積極的に実施する。本研究の計画には盛り込んでいないが、生物学分野のコミュニティにも積極的に足を運び、本研究に関連するPPIの共同研究が実施できることが理想である。

　研究内容を明快に説明する力や、応用領域での実践力といった資質を身につけるべきであると考えているが、本研究で掲げたPPI予測という事例は単なる1つの例に過ぎない。特別研究員としての研究活動を通じて実応用領域で求められる課題に対して適切に道具を選べるような技術・知識を身に付け、情報工学をバックグラウンドとしながらも自ら生物学の重要な課題に切り込める学際的研究者として活躍するための、重要なステップを担う3年間として本研究活動を位置づける。

研究課題名：相互作用ネットワークに基づく薬剤オフターゲット探索のための並列計算システム開発

審査区分：総合／情報学フロンティア／生命・健康・医療情報学

2. **現在までの研究状況** （図表を含めてもよいので、わかりやすく記述してください。様式の変更・追加は不可（以下同様）。）

　① これまでの研究の背景、問題点、解決方策、研究目的、研究方法、特色と独創的な点について当該分野の重要文献を挙げて記述してください。

　② 申請者のこれまでの研究経過及び得られた結果について整理し、①で記載したことと関連づけて説明してください。その際、博士課程在学中の研究内容が分かるように記載してください。申請内容ファイルの「4. 研究業績」欄に記載した論文、学会発表等を引用する場合には、同欄の番号を記載するとともに、申請者が担当した部分を明らかにして記載してください。

■これまでの研究の背景

　申請者は計算機を用いて生命科学の問題を解くバイオインフォマティクスの研究を行っており、特に**タンパク質間相互作用**（Protein-Protein Interaction, PPI）と呼ばれる生命現象の予測という問題に取り組んできた。PPIとは、生体内のタンパク質が互いに結合するなどして、機能の促進・抑制や、新たな機能の獲得が行われる現象である。自己免疫疾患のようにPPIの変調が原因である疾病も存在し、生体内のタンパク質が相互にどのような制御関係にあるのかを理解することは、病因の解明や創薬ターゲットの決定の一助となる[1]。特に近年は、多数のタンパク質から成る大規模なPPIのネットワークを解明しようとする研究が盛んに行われている[2]。PPIは酵母ツーハイブリッド法などの生化学実験によって決定することが通常であるが、日々新たに発見され続けるタンパク質に対し、実験コストは増加する一方であり、計算機によるPPI予測手法、特に多くのタンパク質を扱うことのできる予測手法への期待が高まっている[2]。

■問題点

　計算機による従来のPPI予測手法について、利用するタンパク質情報と、その問題点を以下の表1に挙げる。

表1　従来のPPI予測手法が用いるタンパク質情報と、その問題点.

利用する情報	代表的な手法	問題点
配列情報	機械学習[3]	タンパク質は配列が似ていなくても構造や機能が似ることがあるため、配列情報では未知の相互作用を発見することが困難である。また、相互作用時の複合体構造を考慮できない。
共進化情報	系統樹比較[4]	類似の進化を辿っているかどうかで相互作用を予測する方法で、配列情報による予測よりも良い精度が期待できる一方、偽陽性率が高くなってしまうという特徴がある。
立体構造情報	分子動力学法[5]	構造情報を扱っており、精度の高い予測が期待できるが、1組のタンパク質ペアに対する計算だけで数日レベルの計算時間を要するため現実的ではない。

■解決方策

　タンパク質の立体構造情報に対し、「粗視化」されたモデル構造を扱うことで、相互作用可能性のあるタンパク質ペアを網羅的に探索することが現実的な時間内で可能となると考えられる。そのようなモデル構造の1つに**剛体グリッドモデル**がある。剛体グリッドモデルを用いてPPI予測を行うためには以下に挙げる3つの主要な課題があり、本研究では対応する以下の3つの方策によってこれらの課題を全て解決する。

方策1　**剛体グリッドモデルにおける構造探索**は、従来手法では1ペアの計算に数時間かかる[6]。また、評価関数を簡素化することで計算時間が削減できるが精度は落ちる。本研究では、計算時間削減と精度の維持を目標とし、1つの**複素関数に3つの物理化学的効果の項を含む独自の評価関数を提案**する（図1）。

方策2　剛体グリッドモデル上の計算を用いて相互作用の有無を予測するための方法論は存在しない。本研究

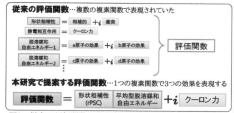

図1　従来の評価関数と本研究で提案する評価関数の概略図

ではこの**相互作用の有無を予測するための方法論**を新たに開発する。

方策3　ネットワークレベルの大規模予測を行うためには大量の計算を行う必要がある。本研究は**大規模並列計算機**を用い、効率的に計算を行うための**並列実装**を行う。

■研究目的

　本研究では、タンパク質の構造情報を利用した大規模PPI予測を行うためのシステムであるMEGADOCKを開発し、創薬に関わる重要な生物系への応用を目指す。

（用紙1, 2枚目（申請者情報等）は省略）

(現在までの研究状況の続き)
■研究方法
　MEGADOCK システムを開発し，予測精度と計算速度を評価した．また，タンパク質構造のデータベースから構造情報を取得し，パスウェイデータベースの情報と組み合わせて新規相互作用の検出を試みた．主な実装・計算には東工大のスーパーコンピュータ TSUBAME を，大規模な予測計算には理研 AICS の「京」(図 2) を用いた．なお，「京」の利用は HPCI システム「京」一般利用課題 hp120131 の支援を受けた．

（省略）

図 2 「京」

■特色と独創的な点
1. 立体構造情報を活用し，実際の物理化学的な現象をモデル化した本質的な PPI 予測手法である点．
2. 剛体グリッドモデル計算の高速化を，精度を維持したまま行うために，1 つの複素関数に 3 つの効果を導入したこれまでにない評価関数を設計・実装した点．
3. 「京」や TSUBAME といった大規模並列計算機環境上での効率的な実装を行い，大規模予測を実現した点．
　これらの手法により，100 万件という膨大な PPI 予測計算でも「京」の全ノードを利用することで約 4 時間で完了することを確認し，ネットワークレベルの大規模予測を現実的な時間で行うことが可能となった．

■研究経過及び得られた結果
　大きく 4 つに分けて示す．(3)の一部と(4)の(A)は共同研究，その他は全て申請者が行った研究である．
(1) 精度を維持したまま計算時間の削減を可能とする新規評価関数の提案 （方策 1 に対応）
　　修士課程までに従来の複素数で表現されていた形状相補性項を実数のみで表現する rPSC モデルを提案し，計算を高速化した(雑誌論文(1)-2)．また博士課程では rPSC モデルを更に発展させ，脱溶媒和自由エネルギー項を追加することに成功し(図 1)，精度を向上させた(国際会議論文(3)-2)．チューニングによる高速化も施すことで，結果として従来法[6]と同等の計算を約 8.8 倍高速に行えるようになった．
(2) 剛体グリッドモデルを用いた立体構造情報に基づく PPI 予測手法の開発 （方策 2 に対応）
　　候補複合体構造群の空間分布が相互作用の有無と相関を持つことを示し，剛体グリッドモデルで得られた候補構造群の評価関数値を用いた新しい PPI 予測手法を提案した．修士課程までに，予備実験として単純に評価関数値を用いた場合の予測精度を検証し(雑誌論文(1)-2)，博士課程では，候補構造群を原子レベルのエネルギー計算で再順位付けすることで，予測精度の向上に成功した(雑誌論文(1)-3)．
(3) 大規模並列計算機上での効率的な並列実装 （方策 3 に対応）
　　「京」や TSUBAME はコア数に対するメモリ搭載量が比較的少ないため，MPI によるノード間プロセス並列と OpenMP によるノード内スレッド並列を組み合わせたハイブリッド型の実装を採用した．これにより，通常の MPI に比べメモリ消費を大きく抑え，両計算機上において強スケーリング（同一問題サイズ下での並列化効率）約 94%という高い並列化効率を達成した(図 3)．TSUBAME での実装・計測については申請者が全て担当し，「京」での実装・計測は共同研究者である東工大の松崎由理博士研究員及び中央大の内古閑伸之助教の協力の下で行った．この研究結果は博士課程在学中に得られたものである．（論文投稿中[7]）

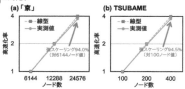

図 3 「京」(a)と TSUBAME(b)で計測された高速化率

(4) 実生物系への MEGADOCK の応用
　　博士課程において，以下の 3 つの生物系における既知 PPI の検証や新規 PPI の提案を行った．
　(A) バクテリア走化性シグナル伝達ネットワーク(雑誌論文(1)-4)
　(B) ヒトアポトーシスシグナル伝達ネットワーク(国際会議論文(3)-1)
　(C) RNA 結合タンパク質(雑誌論文(1)-1))
　　このうち，(A)に関しては松崎博士研究員との共同研究であり，申請者が MEGADOCK を，松崎博士研究員が従来法を用いて，それぞれ独立に検証を行ったものである．

参考文献
[1] Ideker T, Sharan R. *Genome Research*, 18(4), 644-652, 2008.
[2] Ravasi T, Suzuki H, Cannistraci CV, *et al. Cell*, 140(5), 744-752, 2010.
[3] Shen J, Zhang J, Luo X, *et al. Proceedings of the National Academy of Science*, 104(11), 4337-4341, 2007.
[4] de Juan D, Pazos F, Valencia A. *Nature Review Genetics*, 14(4), 249-261, 2013.
[5] Boehr DD, Nussinov R, Wright PE. *Nature Chemical Biology*, 5(11), 789-796, 2009.
[6] Mintseris J, Pierce B, Wiehe K, *et al. Proteins*, 69(3), 511-520, 2007.
[7] Matsuzaki Y, Uchikoga N, Ohue M, *et al. Source Code for Biology and Medicine*. (投稿中)

3. これからの研究計画

(1) 研究の背景

2. で述べた研究状況を踏まえ、これからの研究計画の背景、問題点、解決すべき点、着想に至った経緯等について参考文献を挙げて記入してください。

■これからの研究の背景
　胎児に奇形が生じる副作用（催奇性）を持つ薬剤サリドマイドは、1961 年に催奇性が警告されたにも関わらず、その原因は最近まで謎のままであった。2010 年に、CRBN タンパク質との結合によって催奇性が表れることが Ito らによって確認された[8]が、CRBN は立体構造が解かれておらず、どのような機構で催奇性を引き起こすのかは未だ解明されていない。このように、薬剤は想定していない標的タンパク質（オフターゲット）の影響が充分に調べられておらず、計算機による網羅的なオフターゲット探索手法の確立が求められてきた。

■問題点
　網羅的なオフターゲット探索を行うためには、手法の洗練に加えて、**大規模な計算機環境での効率的な実行**が求められる。しかしそのような研究はこれまでに報告されていない。その主たる原因として、対象となるタンパク質や候補化合物の数による問題規模の大きさ[9]が挙げられ、解決すべき点が 3 点存在する。

■解決すべき点
1. 本研究に関わる手法が散在しており、オフターゲット探索のための統合システムが開発されていない点。
2. 相互作用ネットワーク情報に基づいたオフターゲット探索手法が開発されていない点。
3. 複数のタンパク質に対して複数の薬剤を組み合わせ的に検証するため、大規模並列化が必須である点。

■着想に至った経緯
　申請者はこれまでタンパク質の相互作用関係に焦点を絞って研究を行ってきた。これまでの研究から着想を得て、**相互作用ネットワーク情報を活用した低分子化合物のオフターゲット探索が計算創薬に重要である**と考えた。このようなオフターゲットの探索を目的とした大規模な計算科学研究は、製薬企業ではこれまであまり行われておらず、計算創薬分野の発展に寄与する重要な研究になると考えた。

[8] Ito T, Ando H, Suzuki T, *et al. Science*, 327(5971), 1345–1350, 2010.
[9] Ou-Yang SS, Lu JY, Kong XQ, *et al. Acta Pharmacologica Sinica*, 33(9), 1131-1140, 2012.

(2) 研究目的・内容 （図表を含めてもよいので、わかりやすく記述してください）

① 研究目的、研究方法、研究内容について記述してください。
② どのような計画で、何を、どこまで明らかにしようとするのか、具体的に記入してください。
③ 共同研究の場合には、申請者が担当する部分を明らかにしてください。
④ 研究計画の期間中に異なった研究機関（外国の研究機関等を含む）において研究に従事することを予定している場合はその旨を記載してください。

■研究目的
　現在使用されている薬剤における**想定されていない標的タンパク質（オフターゲット）**を大規模に探索するための手法・システム開発を行う。開発したシステムは、サリドマイドをはじめとする薬剤のオフターゲット探索研究に応用する。

■研究方法
　薬剤オフターゲット探索システムの開発にあたり、以下の 4 点の課題に取り組む（図4）。

1. 構造未知タンパク質を含むタンパク質間相互作用ネットワーク予測手法の開発。
2. ドッキングシミュレーションのための薬剤結合部位予測手法の開発。
3. タンパク質群と薬剤群との網羅的ドッキングシミュレーションシステムの開発、高速化・並列化。
4. 上記 1 ～ 3 の手法の大規模並列計算機(TSUBAME)上での実装・統合化。

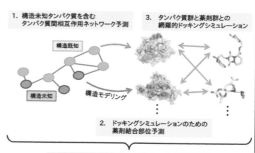

図4　本研究で開発する薬剤オフターゲット探索のための大規模並列計算システムの概要図

■研究内容
　以下に本研究の内容を，研究方法に示した項目別に記述する．

1．構造未知タンパク質を含むタンパク質間相互作用ネットワーク予測手法の開発
　タンパク質間相互作用ネットワークは疾病や標的タンパク質の性質を表す．特に薬剤の設計においては，複数のネットワークによる影響を特定することが重要である．例えば 2 つのネットワークの変調が疾病の要因となっている場合，薬剤によって一方のネットワークを阻害できても，もう一方のネットワークが阻害されていなければ疾病を抑えることができないためである．
　本研究では，申請者が行ってきた構造情報に基づく相互作用予測手法を改良し，構造未知タンパク質を含む完全なタンパク質間相互作用ネットワークを予測する手法の開発を行う．構造未知タンパク質を含む場合にはタンパク質の立体構造モデリングが必要となるが，本研究では立体構造モデリングには既存手法[10]を活用する．ただし，モデリングの精度はテンプレートとなる構造の数に大きく依存するため，単一のモデル構造を用いることはせず，**複数のモデル構造から相互作用を予測するための方法論を新たに開発する**．また，構造情報のみに基づく予測の場合，モデリング精度に相互作用予測の精度が依存するため，構造情報の他に配列情報や進化情報，局在情報などを併用し，**構造未知タンパク質によって精度を悪化させないように手法を構築する**．複数の情報を組み合わせると偽陽性を排除する効果も期待できる．実際，2 つの情報を組み合わせることで相互作用予測の偽陽性を削減できることが，申請者のこれまでの研究(国際会議論文(3)-1)で確認されている．本研究では，構造未知タンパク質を含んでいてもなお，充分な精度で相互作用ネットワークを予測するために，5 つの情報を組み合わせることを予定している．

2．ドッキングシミュレーションのための薬剤結合部位予測手法の開発
　薬剤とタンパク質の結合性を予測するために本研究ではドッキングシミュレーションを利用することを計画しているが，ドッキングシミュレーションを行う際に，あらかじめ薬剤結合部位予測によって候補となる結合部位を予測し，予測情報を活用することでドッキングシミュレーションの高速化と高精度化を達成する．Li らはタンパク質間の複合体予測において，タンパク質同士の結合部位予測の結果を用いて精度を向上させる手法を提案している[11]．特に，Li らは結合部位の予測が不完全(精度 70%程度)でも，複合体予測の性能を向上させられることを示した．このことから，たとえ結合部位予測の精度が不完全であっても，**オフターゲット探索の要となるドッキングシミュレーションの性能向上が期待できる**．
　本研究では Li らの手法を拡張し，薬剤とタンパク質の結合部位予測手法を開発する．精度良く結合部位予測を行うには，タンパク質表面の水分子の安定性を自由エネルギー分布から詳細に解析することが必要となり，多大な計算時間を伴う．しかし，前述のように予測が不完全でもドッキングシミュレーションの性能を向上させられることを活かし，本研究では計算の高速性を重視した薬剤結合部位予測手法の開発を行う．

3．タンパク質群と薬剤群との網羅的ドッキングシミュレーションシステムの開発，高速化・並列化
　現在標準的に用いられているドッキングシミュレーションソフトウェア[12]は，1 組の薬剤とタンパク質の計算に約 9 時間の計算時間がかかっており，多数の薬剤と多数の候補オフターゲットタンパク質との網羅的なドッキングシミュレーションを行うには現実的ではない．本研究では，2.で開発する**薬剤結合部位予測の情報を利用して，高速かつ高精度にドッキングシミュレーションを行うための手法を開発する**．また，従来法で用いられる**探索アルゴリズムを改良**することで，さらなる計算の高速化を図る．具体的には，従来法ではラマルク型遺伝的アルゴリズムを用いていた探索アルゴリズムを，群知能手法（Particle Swarm Optimizationなど）に変更し，最適解探索を高速化することを試みる．
　さらに，本研究では東工大が保有するスーパーコンピュータ「TSUBAME」の利用を想定しているため，**多対多の網羅的ドッキングシミュレーションを大規模並列計算機上で効率的に行うための並列化を行う**．

4．大規模並列計算機 (TSUBAME) 上での実装・統合化
　これまでに挙げた手法を大規模並列計算環境上で実装する．また，それぞれの処理を統合し，薬剤オフターゲット探索のための 1 つのシステムとして構築する．
　1.の相互作用ネットワーク予測については，申請者のこれまでの研究によって一部の並列化は完了しているが，構造モデリングを伴う部分，及び複数情報の組み合わせによる予測手法については新規に開発するため，TSUBAME 上での並列化も新たに行う．2.の薬剤結合部位予測については，多数のタンパク質に対して効率的に計算を行うための並列化を施す．3.のドッキングシミュレーションは最も計算が重い部分であり，多対多の計算の並列化と共に，近年 High Performance Computing 分野において主流になりつつある GPGPU (General Purpose Graphics Processing Unit) 向けの**最適化**を行うことで，GPU アクセラレータを多数搭載した TSUBAME のような並列計算機を最大限利用できるようにする．

また，本研究で開発するシステムを利用した**3件の応用研究を計画**している．以下にその内容について示す．

5．サリドマイド類化合物のオフターゲット探索

サリドマイドが標的とするとされる構造未知タンパク質 CRBN の構造モデリング，及び CRBN を中心とした相互作用ネットワークの予測を行い，**CRBN 関連タンパク質群を対象とした網羅的なオフターゲット探索**を行う．また，サリドマイドの催奇性，多発性骨髄腫抑制作用，睡眠導入作用などに焦点を当て，該当する相互作用ネットワークへのオフターゲット探索を実施し，新規オフターゲットの検出を試みる．

6．スタチン類化合物の癌関連死亡率低下に寄与する作用機序の解明

血中コレステロール値を低下させる薬剤群であるスタチンの使用によって，癌関連死亡率が低下することが 2012 年に報告された[13]．本研究では，スタチンの癌に対する作用機序の解明を目的として，**スタチンが阻害する HMGR タンパク質を中心とするネットワーク（全 36 タンパク質）を対象**とした探索を行う．

7．肺癌を対象とした EGFR シグナル伝達ネットワークを中心とするオフターゲット探索

上皮成長因子受容体（EGFR）は，肺癌の抗癌剤であるゲフィチニブやエルロチニブなどの標的タンパク質であり，関連タンパク質群のネットワーク動態を解明するための研究が続けられている[14]．本研究では EGFR に関連すると考えられている 294 タンパク質を対象とし，**肺癌の治療に効果があるオフターゲットを持つ薬剤を探索する**と共に，ゲフィチニブなどのオフターゲットの探索を行い，種々の副作用の原因特定を試みる．

これらの研究で得られた結果についての**データベースを構築**することを予定しており，本研究の成果を広く利用できる形にする．

参考文献
[10] Roy A, Kucukural A, Zhang Y. *Nature Protocols*, 5(4), 725-738, 2010.
[11] Li B, Kihara D. *BMC Bioinformatics*, 13(7), 1-17, 2012.
[12] Morris GM, Huey R, Lindstrom W, *et al. Journal of Computational Chemistry*, 30(16), 2785-2791, 2009.
[13] Nielsen SF, Nordestgaard BG, Bojesen SE. *New England Journal of Medicine*, 367(19), 1782-1802, 2012.
[14] Tasaki S, Nagasaki M, Kozuka-Hata H, *et al. PLoS One*, 5(11), e13926, 2010.

(3) 研究の特色・独創的な点

次の項目について記載してください．
① これまでの先行研究等があれば，それらと比較して，本研究の特色，着眼点，独創的な点
② 国内外の関連する研究の中での当該研究の位置づけ，意義
③ 本研究が完成したとき予想されるインパクト及び将来の見通し

■本研究の特色，着眼点，独創的な点

本研究の特色は以下の 3 点である．
1. タンパク質間相互作用ネットワークに基づいた，計算機によるオフターゲット探索である点
2. 薬剤結合部位予測を利用した新しいドッキングシミュレーション手法を開発する点．
3. 単なる CPU の並列化だけでなく，GPU を併用した大規模並列計算機を用いる点．

関連研究として Keiser らの行ったオフターゲット探索研究[15]が存在する．Keiser らの研究で用いられている手法は，薬剤の 1 次元情報であるフィンガープリントを用いて標的の分かっている類似化合物を検索し，検索結果からオフターゲットを予測する手法[16]であり，立体構造情報は用いられていない．しかし，薬剤の結合性を精度良く推定するためには立体構造情報に基づくドッキングシミュレーションが不可欠であり，本研究でも立体構造情報を用いてオフターゲット探索を行う手法を開発する．

■関連研究の中での当該研究の位置づけ・意義

近年盛んに行われている新規薬剤候補となる化合物探索研究に対して，既存薬剤のオフターゲット探索研究はあまり行われていないのが現状である．本研究によって，計算機による既存薬剤に対するオフターゲット探索を大規模に行うことで，未解明の副作用の原因究明や，新規標的発見による分子標的治療薬の可能性の拡大が期待できる．

■予想されるインパクト・将来の見通し

本研究の完成によって，これまで未解明であった薬効の作用機序の解明を，計算機を用いて行うことが可能となる．既存の薬剤はもちろん，新規薬剤候補化合物の設計にも本研究のシステムを用いることができ，あらゆる疾病に対する創薬研究に利用できる計算機スクリーニング手法として，本研究は高い有用性を持つ．

参考文献
[15] Keiser MJ, Setola V, Irwin JJ, *et al. Nature*, 462(7270), 175-181, 2009.
[16] Keiser MJ, Roth BL, Armbruster BN, *et al. Nature Biotechnology*, 25(2), 197-206, 2007.

　1～3年目について年次毎に記載してください。元の枠に収まっていれば、年次毎の配分は変更して構いません。

　表2に本研究の研究内容に対応する項目の実施期間を示す．また，各項目の実施内容の詳細について，以下に記述する．

表2　本研究の年次計画概要．塗りつぶされた期間は該当項目の実施期間を表す．

	1年目		2年目		3年目	
1　相互作用ネットワーク予測	■	■	■			
2　薬剤結合部位予測	■	■	■			
3　ドッキングシミュレーション	■	■	■			
4　大規模並列実装・統合			■	■	■	■
5　サリドマイド等応用			■	■	■	■
6　スタチン等応用			■	■	■	■
7　EGFRネットワーク応用			■	■	■	■
データベース構築・公開					■	■

（1年目）

1-(a) 構造モデリング手法を検証し，構造モデリングを伴った構造未知タンパク質を含むタンパク質間相互作用ネットワーク予測手法を開発する．

1-(b) 構造未知タンパク質間の相互作用を予測するために，複数の構造モデルによる相互作用スコア関数を開発する．

2-(a) 薬剤とタンパク質間の結合部位予測手法を開発する．

3-(a) ドッキングシミュレーションの従来法で用いられている探索アルゴリズムの改良を行う．ラマルク型遺伝的アルゴリズムを群知能手法に変更し，最適解探索の高速化を行う．

（2年目）

1-(c) 構造情報，複合体テンプレート情報，配列情報，共進化情報，局在情報の5つの情報を組み合わせたタンパク質間相互作用ネットワーク予測手法を開発し，偽陽性排除効果を確認する．

2-(b) 薬剤結合部位予測情報を用いてドッキングシミュレーション精度を改善させる手法を開発する．

3-(b) 薬剤結合部位予測手法を用いたドッキングシミュレーションの高速化を行う．

4-(a) 構造モデリング手法及び構造未知タンパク質を含むタンパク質間相互作用ネットワーク予測手法の並列化を行う．これ以降，並列化については全て TSUBAME 上で行うことを想定し，400 ノードまでの並列性能を確認する．

4-(b) 結合部位予測手法の並列化を行う．

4-(c) ドッキングシミュレーションの GPGPU 向け最適化を行う．

5-(a) CRBN タンパク質の構造モデリングを行い，CRBN タンパク質に関連するタンパク質群の相互作用ネットワーク予測を行う．

5-(b) CRBN タンパク質のモデル構造とサリドマイドのドッキングシミュレーションを行う．

5-(c) CRBN タンパク質関連ネットワークに対するサリドマイド類化合物のオフターゲット探索を行う．

6-(a) HMGR タンパク質に関連するタンパク質群の相互作用ネットワーク予測を行う．

7-(a) EGFR タンパク質に関連するタンパク質群の相互作用ネットワーク予測を行う．

（3年目）

4-(d) 多数の薬剤と多数のタンパク質による多対多のドッキングシミュレーションを並列化する．

4-(e) 処理の統合を行い，薬剤オフターゲット探索のための1つのシステムとしての構築を行う．

4-(f) TSUBAME は 2016 年までに大幅なアップデートを予定しているため，さらに拡大された並列数での並列性能を確認する．

5-(d) サリドマイド類化合物の性質と関連するタンパク質群に対する相互作用ネットワーク予測を行い，予測されたネットワークに対するサリドマイド類化合物のオフターゲット探索を行う．

6-(b) スタチン類化合物のオフターゲット探索を行う．

7-(b) EGFR 関連ネットワーク内にオフターゲットを持つ可能性のある薬剤の探索を行う．

7-(c) ゲフィチニブ，エルロチニブのオフターゲット探索を行う．

また，研究内容 5～7 で得られた結果のデータベース構築を行い，研究成果を公開する．

(5) 受入研究室の選定理由

受入研究室として選定した理由について、次の項目を含めて記載してください。
① 受入研究室を知ることとなったきっかけ、及び、採用後の研究実施についての打合せ状況
② 申請の研究課題を遂行するうえで、当該受入研究室で研究することのメリット、新たな発展・展開
※ 個人的に行う研究で、指導的研究者を中心とするグループが想定されない分野では、「研究室」を「研究者」と読み替えて記載してください。

また、「研究室移動」に該当しない研究室を選定したと判断される可能性が見込まれる場合（特に以下の①〜④に該当する場合）には、博士課程での研究の単なる延長ではなく、実質的な研究室移動であることがわかるように記載してください。
① 申請者の出身研究室に同時期にいた研究者を受入研究者とすること。
② 研究指導の委託先で研究を続けること。
③ 大学院在学当時の指導者が転出し、その後継者を受入研究者とすること。
④ 申請書の「研究業績」欄に記載のある論文の共著者を新たな受入研究者としている場合において、申請書の研究計画が博士課程での研究の単なる延長と見られる恐れがあるもの。

■受け入れ研究室を知ることとなったきっかけ、及び、採用後の研究実施についての打合せ状況

受け入れ研究室である ▮▮▮▮▮▮▮▮▮▮▮▮▮▮ 研究室は、分子動力学法を主とした計算生物学手法による生物物理学研究を行っている。分野は異なるが、申請者のこれまでの研究と関連性を持つことから、▮▮▮▮ の講演を数回拝聴した。また、▮▮▮▮▮▮▮▮▮ を行ったこともきっかけの一つである。採用後の研究実施 相互作用ネットワークに基づくオフターゲット探索システムの開発に従事することが決定している。

■当該受入研究室で研究することのメリット、新たな発展・展開

▮▮▮ 研究室は ▮▮▮▮ 大規模並列計算の利用に際し、最新の情報を迅速に得られる環境にある。また、▮▮▮ 研究室では分子動力学法の GPU アクセラレータによる高速化研究などを行っているため、本研究で提案するシステムの開発を問題なく行える環境であると考える。さらに、▮▮ 准教授は製薬企業との共同研究の経験も多数あり、本研究によって有用な知見が得られた場合には、生化学実験による詳細な検証を行うことができる状態となっている。

(6) 人権の保護及び法令等の遵守への対応

本欄には、研究計画を遂行するに当たって、相手方の同意・協力を必要とする研究、個人情報の取り扱いの配慮を必要とする研究、生命倫理・安全対策に対する取組を必要とする研究など法令等に基づく手続きが必要な研究が含まれている場合に、どのような対策や措置を講じるのか記述してください。**例えば、個人情報を伴うアンケート調査・インタビュー調査、国内外の文化遺産の調査等、提供を受けた試料の使用、ヒト遺伝子解析研究、遺伝子組換え実験、動物実験など、**研究機関内外の情報委員会や倫理委員会等における承認手続きが必要となる調査・研究・実験などが対象となります。

なお、該当しない場合には、その旨記述してください。

本研究課題で使用する薬剤情報・タンパク質構造情報は全て公開データを用いるため、該当しない。本研究成果に関する生化学的な検証実験を目的とした共同研究が行われる場合は、相手方の規定に従う。

4. 研究業績（下記の項目について申請者が中心的な役割を果たしたもののみ項目に区分して記載してください。その際、通し番号を付すこととし、該当がない項目は「なし」と記載してください。申請者にアンダーラインを付けてください。業績が多くて記載しきれない場合には、主要なものを抜粋し、各項目の最後に「他〇報」等と記載してください。）

(1) 学術雑誌等（紀要・論文集等も含む）に発表した論文、著書（査読の有無を区分して記載してください。査読のある場合、印刷済及び採録決定済のものに限ります。査読中・投稿中のものは除く）

　① 著者（申請者を含む全員の氏名（最大 20 名程度）を、論文と同一の順番で記載してください）、題名、掲載誌名、発行所、巻号、pp 開始頁一最終頁、発行年をこの順で記入してください。
　② 採録決定済のものについては、それを証明できるものを P. 12 の後に添付してください。

(2) 学術雑誌等又は商業誌における解説、総説

(3) 国際会議における発表（口頭・ポスターの別、査読の有無を区分して記載してください）
　　著者（申請者を含む全員の氏名（最大 20 名程度）を、論文等と同一の順番で記載してください）、題名、発表した学会名、論文等の番号、場所、月・年を記載してください。発表者に〇印を付してください。（発表予定のものは除く。ただし、発表申し込みが受理されたものは記載しても構いません。その場合は、それを証明できるものを P. 12 の後に添付してください。）

(4) 国内学会・シンポジウム等における発表
　　(3) と同様に記載してください。発表申し込みが受理されたものを記載する場合は、(3) と同様に証明できるものを添付してください。

(5) 特許等（申請中、公開中、取得を明記してください。ただし、申請中のもので詳細を記述できない場合は概要のみの記述で構いません。）

(6) その他（受賞歴等）

---

(1) 学術雑誌等（紀要・論文集等も含む）に発表した論文、著書

（査読有）

1. <u>Masahito Ohue</u>, Yuri Matsuzaki, Yutaka Akiyama. Docking-calculation-based Method for Predicting Protein-RNA Interactions, Genome Informatics, Japanese Society for Bioinformatics, vol.25, pp.25–39, 2011.

2. <u>大上雅史</u>, 松崎由理, 松崎裕介, 佐藤智之, 秋山泰. MEGADOCK: 立体構造情報からの網羅的タンパク質間相互作用予測とそのシステム生物学への応用, 情報処理学会論文誌 数理モデル化と応用, (社)情報処理学会, vol.3, pp.91–106, 2010.

【印刷前の学術雑誌論文（査読有）】

3. <u>Masahito Ohue</u>†, Yuri Matsuzaki†, Nobuyuki Uchikoga, Takashi Ishida, Yutaka Akiyama. MEGADOCK: An all-to-all protein-protein interaction prediction system using tertiary structure data, Protein and Peptide Letters, Bentham Science Publishers. († equal contribution)　（証明書①添付）

4. Yuri Matsuzaki†, <u>Masahito Ohue</u>†, Nobuyuki Uchikoga, Yutaka Akiyama. Protein-protein interaction network prediction by using rigid-body docking tools: application to bacterial chemotaxis, Protein and Peptide Letters, Bentham Science Publishers. († equal contribution)　（証明書②添付）

（査読無）

5. <u>大上雅史</u>, 松崎由理, 石田貴士, 秋山泰. MEGADOCK を用いたタンパク質間相互作用予測のヒトアポトーシスパスウェイ解析への応用, 情報処理学会研究報告, (社)情報処理学会, vol.BIO-32-13, pp.1–8, 2012.

6. 山本航平, <u>大上雅史</u>, 石田貴士, 秋山泰. 構造情報に基づくタンパク質間相互作用ネットワーク予測精度の改善, 情報処理学会研究報告, (社)情報処理学会, vol.BIO-32-14, pp.1–8, 2012.

7. <u>大上雅史</u>, 石田貴士, 秋山泰. 簡易疎水性相互作用モデルによるタンパク質ドッキング予測の高精度化, 情報処理学会研究報告, (社)情報処理学会, vol.BIO-29-21, pp.1–3, 2012.

8. <u>大上雅史</u>, 松崎由理, 内古閑伸之, 石田貴士, 秋山泰. ドッキング計算に基づく網羅的タンパク質-RNA 間相互作用予測, 情報処理学会研究報告, (社)情報処理学会, vol.BIO-25-30, pp.1–8, 2011.

（他 6 報）

(2) 学術雑誌等又は商業誌における解説、総説

1. <u>大上雅史</u>. 凄い生命情報科学研究を目指して―特集 次世代の生命情報科学に向けて：若手研究者からの視点・論点, 日本バイオインフォマティクス学会ニュースレター, vol.25, pp.4–5, 2012.

(3) 国際会議における発表

（口頭発表，査読有）

1. 〇<u>Masahito Ohue</u>, Yuri Matsuzaki, Takehiro Shimoda, Takashi Ishida, Yutaka Akiyama. Highly precise protein-protein interaction prediction based on consensus between template-based and *de novo* docking methods, The 8th Annual Great Lakes Bioinformatics Conference 2013 (GLBIO2013), pp.100–109, Pittsburgh (USA), 2013 年 5 月.

2. ○Masahito Ohue, Yuri Matsuzaki, Takashi Ishida, Yutaka Akiyama. Improvement of the Protein-Protein Docking Prediction by Introducing a Simple Hydrophobic Interaction Model: an Application to Interaction Pathway Analysis, The 7th IAPR International Conference on Pattern Recognition in Bioinformatics (PRIB2012), Lecture Notes in Bioinformatics, vol.7632, pp.178–187, Tokyo (Japan), 2012 年 11 月.

3. ○Masahito Ohue, Yuri Matsuzaki, Yutaka Akiyama. Development of a Protein-RNA Interaction Prediction Method Based on a Docking Calculation, The 2010 Annual Conference of the Japanese Society for Bioinformatics (JSBi2010), T02/P077, Fukuoka (Japan), 2010 年 12 月.

4. ○Masahito Ohue, Yuri Matsuzaki, Yusuke Matsuzaki, Toshiyuki Sato, Yutaka Akiyama. *In silico* prediction of PPI network with structure-based all-to-all docking, The 9th International Conference on Bioinformatics (InCoB2010), #143, Tokyo (Japan), 2010 年 9 月.

（口頭発表，招待講演）

5. ○Masahito Ohue. MEGADOCK: An all-to-all protein-protein interaction prediction system based on tertiary structure information, IIT Madras-Tokyo Tech Joint Workshop on Bioinformatics and Large Scale Data Analysis, Chennai (India), 2011 年 7 月.

（ポスター発表，査読無）

6. ○Masahito Ohue, Yuri Matsuzaki, Nobuyuki Uchikoga, Kohei Yamamoto, Takayuki Fujiwara, Takehiro Shimoda, Toshiyuki Sato, Takashi Ishida, Yutaka Akiyama. Protein-protein interaction prediction based on rigid-body docking with ultra-high-performance computing technique: applications to affinity prediction on CAPRI round 21 and interactome analyses, CAPRI 5th Evaluation Meeting, p.62, Utrecht (Netherlands), 2013 年 4 月.

7. ○Masahito Ohue, Yuri Matsuzaki, Nobuyuki Uchikoga, Takashi Ishida, Yutaka Akiyama. MEGADOCK: a High-speed Protein-protein Interaction Prediction System by All-to-all Physical Docking, ISCB-Asia/SCCG2012, No.33, Shenzhen (China), 2012 年 12 月.

8. ○Masahito Ohue, Yuri Matsuzaki, Nobuyuki Uchikoga, Takashi Ishida, Yutaka Akiyama. MEGADOCK: A rapid screening system of protein-protein interactions with all-to-all physical docking, 20th Annual International Conference on Intelligent Systems for Molecular Biology (ISMB2012), W23, Long Beach (USA), 2012 年 7 月.

（他 17 件）

(4) 国内学会・シンポジウム等における発表

（口頭発表，査読無）

1. ○大上雅史, 松崎由理, 内古閑伸之, 下田雄大, 石田貴士, 秋山泰. MEGADOCK 3.0：超並列タンパク質間相互作用予測システム, 生命情報科学若手の会第 4 回研究会, 愛知県岡崎市, 2013 年 3 月.

2. ○大上雅史, 松崎由理, 秋山泰. 立体構造情報を用いたドッキング計算による大規模タンパク質-RNA 間相互作用予測手法, 第 73 回情報処理学会全国大会, 東京都目黒区, 2011 年 3 月.

（他 10 件）

（ポスター発表，査読無）

3. ○大上雅史, 松崎由理, 石田貴士, 秋山泰. MEGADOCK：大規模タンパク質間相互作用予測システムとその応用, ハイパフォーマンスコンピューティングと計算科学シンポジウム(HPCS2013), p.66, 東京都目黒区, 2013 年 1 月.

（他 4 件）

(5) 特許等 なし

(6) その他

1. 大上雅史, 日本学術振興会 特別研究員(DC1)・特別研究奨励金, 2011 年 4 月―2014 年 3 月.

2. 大上雅史, 情報処理学会第 73 回全国大会 学生奨励賞, 2011 年 3 月.

3. 大上雅史, 情報処理学会数理モデル化と問題解決研究会 プレゼンテーション賞, 2010 年 9 月.

4. 大上雅史, 2009 年情報処理学会バイオ情報学研究会 学生奨励賞, 2010 年 3 月.

5. 大上雅史, 第 8 回日本データベース学会年次大会 学生奨励賞, 2010 年 3 月.

6. 大上雅史, 石川工業高等専門学校電子情報工学科 学業成績優秀賞（首席卒業）, 2007 年 3 月.

7. 大上雅史, 電子情報通信学会北陸支部 学生優秀論文発表賞, 2006 年 9 月.

注：用紙 12 枚目は白紙提出のため，省略

Sample ③　平木剛史さん（平成 31 年度 PD 申請，書面審査で採用）

研究課題名：実物体の形状・反射特性を制御可能なプロジェクションマッピングを用いた現実拡張技術

審査区分：情報学／人間情報学およびその関連分野／ヒューマンインターフェースおよびインタラクション関連

2. 現在までの研究状況

■ 研究の背景・問題点

　バーチャル空間の情報を、従来の平面ディスプレイではなく、物体を用いた現実拡張型の情報提示を行うことで、人間が情報に直接触れて操作可能なインタフェース技術は、多次元情報の直観的な理解に有用である。特に、動的な情報を実物体として触れて操作する方法として、複数の移動ロボットに映像情報を視覚重畳し、協調して変化させるアプローチ（図 1）が注目されている [B, C]。先行研究では、無線、または映像に埋め込んだ可視パターンによってロボットを制御していた。無線を用いた制御では、ロボットに個別の命令を送信できるが、映像とロボットの位置合わせが必要で、かつロボットの増加に応じて通信負荷が増大するので、利用できるロボットの台数に制約があった。可視パターンを用いた制御では、QR コードのような 2 次元空間パターンを映像に表示するため、複数のロボットを並列的に制御可能であるが、映像の品質を劣化させるという問題があった。

図 1: 映像とロボットが協調した情報提示技術 [A]

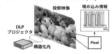

図 2: PVLC の概念図

　一方、光の高速明滅で信号を送る可視光通信技術をプロジェクタに応用した空間分割型可視光通信（PVLC）[D] を用いると、映像の各画素に不可視の情報を埋め込むことができる（図 2）。これを用いてロボットを制御すれば、前述の問題を解決し、複数のロボットと映像が協調したインタフェースを実現できる。しかし、従来の PVLC は映像表現力（色階調、コントラスト）と情報の空間解像度が低く、またその装置も大型で可搬性は低かった。さらに、人の接触によるロボットの位置ずれを考慮すると、外乱に対して頑健なロボット制御が可能な情報埋め込みを実現する必要があった。

■ 解決方策・研究目的・研究方法

　投影される映像と協調した複数のロボット（群ロボット）制御を PVLC を用いて実現することを目的に、以下の三項目に取り組んだ。

(1) PVLC の映像表現力と情報の空間解像度の向上

(2) 人間が直接ロボットに触れる操作を実現するためのロボット制御

(3) ロボットを照らす映像を動かすことによるロボット操作

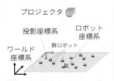

図 3: PVLC で投影したベクトル場によるロボット制御

(1) については、プロジェクタの画素制御素子である DMD と光源の LED の最大明滅周波数の違いに着目し、DMD のみでの明滅（従来手法）に、LED の明滅を加えることで効率的なデータ埋め込みができると考え、これを実現するプロジェクタとセンサを開発した。(2) については、PVLC で投影した速度ベクトル場で群ロボットを制御すれば、外乱でずれた位置でもロボットがすぐに制御情報を取得できると考え（図 3）、制御システムを開発した。(3) については、メモリの制約を考慮した映像符号化を用いれば、小型プロジェクタを用いた可搬な PVLC システムを構築できると考え、操作インタフェースを開発した。

■ 特色と独創的な点

　群ロボットを用いた現実拡張型インタフェースの実現には、(a) 映像と位置ずれがなく、(b) 外乱に対して頑健で、(c) 利用台数に制約がない群ロボット制御手法を構築する必要があった。PVLC による群ロボット制御ではプロジェクタの投影座標系を制御対象とするため、投影映像とロボットの位置ずれは原理的に発生しない（図 4）。そして、映像に情報が重畳されているため、外乱に対して頑健で、かつロボットの追加と除去も自由に行うことができる。これは、PVLC によって、ロボットが制御周期（〜10 ms）と同じ周期で投影座標系での位置・制御情報を取得できることにより実現された価値である。加えて、従来は考えられなかった制御対象の座標系自体

プロジェクタ

図 4: PVLC によるロボット制御における座標系

を動かすことによる、直観的な群ロボット操作も可能となった [13]。

　また通信の観点では、群ロボット制御は、中央システムが個別に制御する中央集中制御と、各ロボットが自身を制御する自律分散制御に大別できるが、前者は通信の負荷が、後者は制御の範囲設定が課題であった。PVLC によるロボット制御では、中央システムが制御命令を同時並列的に送信、受信した各ロボットが自身を制御することで、結果として指定領域内のロボットのふるまいは群として制御される（図 5）。そのため、通信の負荷による台数の制約は生じず、群として制御するロボットの範囲設定も可能となる。

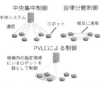

図 5: 群ロボット制御における通信形態

　このような、インタフェースとしての応用を見据えた、映像と協調する群ロボット制御手法の構築は世界で初めての試みであった。その成果が評価され、ロボット分野（雑誌論文 [1]、国際会議 [4]）とインタフェース分野（トップ国際会議である ACM SIGGRAPH [9], SIGGRAPH Asia [5]）の両分野において論文が採択され、国内会議ではベストペーパーに選ばれた [24]。また、我が国の優れたコンテンツ技術として、経済産業省 Innovative Technologies に選出された [23]。

■ これまでの研究経過及び得られた結果

　以下の研究成果について、申請者は技術の考案、実装、評価の全てを博士課程在学中に行った。

(1) PVLC の表現力と空間解像度の向上に向けた基盤技術開発 ([2], [11], [15 - 17])

　PVLC の映像表現力と情報伝送における空間解像度の向上に向けて、高速データ転送が可能なプロジェクタの設計、実装を行った。映像転送用の規格である HDMI をデータ転送に転用することで、一般的な PC で使用可能な実装とした。合わせて、高速な明滅光に対応した受光センサ回路の設計と実装を行った。本システムでは、DMD と LED 光源をそれぞれ異なる周波数で同期して明滅させることで、効率的な信号送受信と色階調制御を実現した。評価実験では、本システムにおける情報伝送と映像品質の設計指針として、LED 光源は 48 kHz、DMD は 3 kHz が明滅周波数として最適であることを明らかにした。

図 6: DMD と LED の同期信号送信

(2) Phygital Field: PVLC を用いた群ロボット制御システム ([1], [4], [5], [9], [18], [23], [24])

　PVLC を用いた映像上で群ロボット制御を実現するシステム、Phygital Field を提案した。人間の身体が直接ロボットに触れるインタラクションを考慮すると、受信中の移動による情報の混信と外乱に対して頑健な制御情報の埋め込みが課題となる。そこで、混信を考慮した位置座標情報の埋め込みによる安定した自己位置推定手法と、速度ベクトル情報の埋め込みによる、場の概念を用いた移動制御手法を提案し、プロジェクタと小型群ロボットの開発を行ってこれを実現した。評価では、正解位置を数 mm 以内の誤差で推定可能であり、また速度ベクトル場の操作により目標点追従制御が可能であることを確認し、人間がロボットに触れるハードな環境で動作可能という有用性を明らかにした。

図 7: Phygital Field におけるインタラクション

(3) NavigaTorch: 可搬な PVLC システムを用いた操作インタフェース ([13])

　可搬な PVLC システムを用いた、人間が座標系自体を動かすことによるロボット操作が可能なインタフェース、NavigaTorch を提案した。小型かつ軽量な DLP プロジェクタを用いることで、PVLC を 500 g 程度の可搬なシステムとして構築した。しかし、このプロジェクタの内蔵メモリ容量は小さく、従来手法を用いた PVLC 映像の投影は不可能であった。そのため、各二値画像の投影時における光源の明滅時間を最適に制御することで、従来方式では N 枚の二値画像で表現していた映像を $\log_2(N)$ 枚で表現可能な方式を提案した。評価では、PVLC 映像を 60 Hz のリフレッシュレートで投影し、ロボットの制御と操作が可能であることを確認し、その有用性を明らかにした。

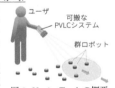

図 8: NavigaTorch の概要

[A] Patten Studio: "Thumbles" http://www.pattenstudio.com/works/thumbles/
[B] Rosenfeld et al.: "Physical Objects as Bidirectional User Interface Elements," IEEE CG&A, pp. 44-49, 2004.
[C] Kojima et al.: "Augmented Coliseum: An Augmented Game Environment...," IEEE TABLETOP '06, pp. 3-8, 2006.
[D] 北村ら: "DMD を用いた空間分割可視光通信…", VR 論, Vol. 12, No. 3, pp. 381-388, 2007.

3. これからの研究計画
(1) 研究の背景

　申請者は、現実世界の見た目を自在に、あたかもデジタル情報と同等に制御すること、さらに現実の面を変形させ動かすことで、現実世界とバーチャルな世界の境界面を意識せず利用できる現実拡張型の情報提示を実現することを研究の目標としてきた。その実現のために、これまでは映像に埋め込んだ不可視の情報を用いて、映像と協調してロボットを制御、操作するシステムを研究してきた。ここで、ロボットは映像と共に変化する情報で制御されていたが、映像は単に投影されているだけでロボットの位置や動作を反映していなかった。また、物理世界のロボットとバーチャル世界の映像を、人間はそれぞれ独立したものとして意識しており、現実空間が拡張された情報提示とは言えないものであった。

　映像をロボットと連動して変化させるという課題は、ロボットという動的な投影対象にプロジェクションマッピングを行うことであると捉えることができる。この課題に対し、投影対象の実物体をカメラ認識が容易な構造として設計したり [E]、超高速なプロジェクタとカメラを利用して [F]、高速かつ頑健な映像の位置合わせができる手法が提案されている。しかし、これらのシステムが制御するのは映像のみであるため、投影対象の動的な変化にただ追従するのみで、その形状を変化させることはできなかった。また、暗い環境におけるプロジェクタの投影空間でしか見た目を変えられないという問題もあった。

　そこで、映像の画素ごとに制御信号を埋め込むというこれまでの基本コンセプトを拡張すれば、投影対象の実物体について、明るくても使える発色制御、実環境を直接変形させる形状制御の二点が実現できると考えた。そして、この制御をプロジェクションマッピングと連動して実現することで、映像と実物体、日常空間が調和した現実拡張型の情報提示を実現できると考え、本研究の着想に至った。

[E]　Asayama et al.: "Fabricating Diminishable Visual...," IEEE TVCG, Vol. 24, No. 2, pp. 1091-1102, 2018.
[F]　Narita et al.: "Dynamic Projection Mapping...," IEEE TVCG, Vol. 23, No. 3, pp. 1235-1248, 2017.

(2) 研究目的・内容

■ 研究目的

　本研究の目的は、映像の重畳と同時に、その投影光によって実物体の形状・反射特性を制御可能なプロジェクションマッピング技術の構築である。また、これを用いて、人間が現実世界とバーチャル世界の境界面を意識せずに利用できる、現実拡張型情報提示技術の創出を目指す。

■ 研究方法・研究内容

　本研究では、反射特性や形状を変化させることができる投影対象の実物体と、その制御が可能な映像を投影するプロジェクタの双方の設計論を構築し、開発する。具体的には以下の二つのアプローチを採用する。

図 9: 本研究計画の概念図

(1) 投影対象の物体を発色させるアプローチ：外部刺激で色が変化するクロミックインクを印刷した投影対象の実物体を、不可視光源を持つプロジェクタの投影光で制御、発色させることで反射特性を変化させる。

(2) 投影対象の物体を変形させるアプローチ：柔軟な形状の変化を制御可能なソフトロボット技術を用いた投影対象の実物体を、プロジェクタの投影光によって制御、変形させることで形状を変化させる。

　現実世界とバーチャル世界の境界面においては、幾何学的整合性（位置ずれなし）・光学的整合性（陰影ずれなし）・時間的整合性（時間遅れなし）の三つの整合性が評価の指標となる [G]。投影型のシステムでは、現実空間の実物体に映像を投影するので、光学的整合性の問題は発生しない。そのため、双方のアプローチについて、それぞれ目的とした反射特性と形状の変化が幾何学的整合性と時間的整合性を維持した

状態で達成できたか評価する。ここで、仮に従来のようにカメラを用いて実物体を観測し、その制御を行うと、幾何学的整合性の維持にはカメラとプロジェクタの煩雑な位置合わせ処理が必須となる。本研究では、プロジェクタという単一の光学系から映像の投影と実物体の状態変化制御を同時に行うので、これらの幾何学的整合性は原理上一致する。そのため、位置合わせなしで簡便にシステムを構築できる。

物体を発色させるアプローチは、特に明るい日常空間で使用する場合に有用である。発色パターンを映像投影と組み合わせ、物体の反射特性を制御、変化させることで、明るい環境でも高コントラストな映像投影を実現できる。また、プロジェクションマッピングの映像は、種々の遅延要因によって、物体の変形や動作に対して幾何学的、時間的整合性を保ちながら追従するのは難しい。一方、発色パターンは物体が変形、動作しても、原理的に幾何学的、時間的整合性を保つことができ、また環境光が強い空間や屋内の中でも継続して視認できる。しかし、発色で可能な表現は、二値のパターンに限られており、発色状態から即座に消色することもできない。そのため、動作時におけるコンテンツのみ発色で表現するなど、映像表現に対して相補的に用いることで、日常空間と調和したプロジェクションマッピングを実現できる。

物体を変形させるアプローチで用いるソフトロボットは、従来のロボットと比較して、人間や環境との接触において安全であり、静かな駆動が可能なため、日常空間との調和性が高い。しかし、本研究で必要となる小型のソフトロボットは、設計可能な構造や変形における変位と力の大きさ、制御性の制約など、実用するためには大きな技術的ギャップがあった。そこで、アクチュエータの特性に応じて映像とその制御手法を最適な形で設計することで、この技術的課題を解消する。また、プロジェクションマッピングを用いることで、映像と変形の両面でコンテンツを表現し、ソフトロボット分野全体の課題であった動作の表現力を補うことができる。

■ どのような計画で、何を、どこまで明らかにしようとするのか

(計画 - 1) 投影対象の物体を発色させるアプローチ：クロミックインクの応用

物体を発色させるアプローチでは、それぞれ紫外光に反応するフォトクロミックインクと、熱に反応するサーモクロミックインクを使用する二つのシステムを構築する。フォトクロミックインクを使用するシステムでは紫外光源を、サーモクロミックインクを使用するシステムでは赤外レーザー光源をプロジェクタに追加することで、発色制御と映像投影を同時に実現する。そして、映像投影と発色制御についての幾何学的、時間的整合性が維持されているかを評価し、現実拡張型情報提示としての有用性を明らかにする。また、インクを塗布した物体の製造については、家庭用プリンタを用いて紙や布といった素材に印刷する手法と 3D プリンタを用いてインクが塗布されたプラスチックを出力する手法を構築する。そして、物体を高い再現性で容易に複製可能かどうかについて検証を行い、その有効性を明らかにする。アプリケーションについては、投影対象の発色制御による映像の高コントラスト投影を実現し、その映像表現力の向上について評価する。また、文房具など日用品を用いた、日常空間に調和する拡張現実感システムを構築し、人間が受ける印象や作業の効率を評価することで、発色制御の有用性を明らかにする。

図 10: フォトクロミックインクによる CMYK 発色の様子

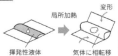

図 11: 発色を用いた高コントラスト投影

(計画 - 2) 投影対象の物体を変形させるアプローチ：ソフトロボットの応用

物体を変形させるアプローチでは、それぞれ相転移アクチュエータと形状記憶材料をソフトロボットのアクチュエータとして使用する。相転移アクチュエータは熱源により液相から気相への相転移を発生させ、その体積変化によって変形を実現するものである。相転移アクチュエータを使用するシステムでは、揮発性液体の部分に (計画 - 1) で開発したプロジェクタによって赤外線を照射、局所的に加熱、液体から気体に気化膨張させることで駆動を制御する。物体の製造については、フィルムを熱融着したパウチに揮発性液体を封入、密着してアクチュエータを作成する手法 [H] を応用し、これを組

図 12: 相転移アクチュエータによる形状変化

（研究目的・内容の続き）

み込んで設計する手法を構築する。

形状記憶材料を使用するシステムでは、申請者が研究してきた空間分割型可視光通信 (PVLC) を用いて駆動を制御する。PVLC を用いれば、投影空間における変位をサブ mm オーダーで精密に取得できるため、従来は困難であった変位フィードバック制御が可能となる。また、PVLC を用いたプロジェクションマッピングを実現するために、FPGA によるハードウェア演算でリアルタイムに映像と情報を更新可能な PVLC プロジェクタを新たに開発する。ロボット構造の製作については、変形可能な構造を含む物体を 3D プリンタを用いて一体的に設計、出力する手法 [I] を応用し、ここに光センサと形状記憶材料を配置して設計する手法を構築する。これらのシステムについて、熱投影 / PVLC による情報投影による駆動制御の特性と、ロボット構造を高い再現性で容易に複製可能かどうかについて検証し、実物体の変形制御における有用性を明らかにする。

図 13: 形状記憶材料による形状変化

アプリケーションについては、ぬいぐるみやクッションといった日常空間に調和する構造物を映像と協調して変形させるプロジェクションマッピングを実現し、その表現形態と人間が受ける印象を評価することで有用性を明らかにする。また、本計画の実施にあたっては、申請者が研究協力員を務め、[H, I] を提案した研究者も在籍する、ソフトロボット分野において日本を代表する研究拠点である JST ERATO 川原万有情報網プロジェクトの研究者ネットワークを活用する予定である。

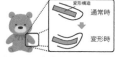

図 14: 日常空間に調和する構造物の柔軟な変形

[G] 神原誠之: "基礎 1: 拡張現実感（Augmented Reality:AR）概論", 情報処理, Vol. 51, No. 4, pp. 367-372, 2010.
[H] Nakahara et al.: "Electric Phase-change Actuator with Inkjet Printed Flexible...," IEEE ICRA '17, pp. 1856-1863, 2017.
[I] Umedachi et al.: "Design of a 3D-printed soft robot with posture and steering control," IEEE ICRA '14, pp. 2874-2879, 2014.

(3) 研究の特色・独創的な点

■ 本研究の特色、着眼点、独創的な点

実物体の形状・反射特性を制御することで、先行研究 [E, F] のように映像のみでなく、映像と投影対象の双方が協調して変化する点が特色である。プロジェクタと投影対象の双方を表現形態に応じて設計することで、映像に加えて投影対象の実物体も変化させる手法の検討を行ったのは、独自の着眼点である。また、プロジェクタという単一の光学系から映像投影とエネルギー・情報の投影を同時に行って物体を制御することで、映像と投影対象の制御における幾何学的整合性を原理的に維持できる点で独創的である。

■ 当該研究の位置づけ、意義

これまでのプロジェクションマッピング研究では、二次元パターンなど静的な特徴を投影対象に付与し映像を投影していたが [E]、投影対象自体は変化していなかった。投影対象にクロミックインクやソフトロボットを用いた動的な特徴を付与して設計し、さらに映像に重畳する形でエネルギー投影、情報投影を実現し、これを用いて投影対象を制御するプロジェクタを設計することは世界で初めての試みである。そして、クロミックインクを用いた物体設計、製造手法と、光通信を用いたロボットの設計、制御手法という異分野にまたがる知見を統合して、投影対象の設計手法を構築している。

■ 予想されるインパクト及び将来の見通し

学術面では、映像と投影対象の実物体の相補的な表現によるプロジェクションマッピングの実現は、表現における映像依存からの脱却という点で意義深い。産業面では、工業デザインや医療情報の可視化といった用途に対し、情報が実体化され動的に変化する、現実拡張型の情報提示形態を提供できる。また、本研究では画素単位での高速な光源制御のためにプロジェクタを使用しているが、画素の高速明減が可能な OLED ディスプレイや micro LED ディスプレイ [J] が普及すれば、提案技術はこれらのディスプレイにも適用できる。よって、将来的には映像を表示する環境ならばどこでも応用できる可能性がある。

[J] Jiang et al.: "Micro-size LED and detector arrays for mini-displays...," US Patents 6410940.

(4) 年次計画

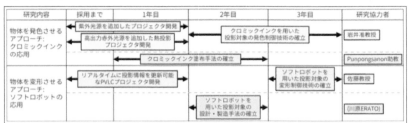

図 15: 研究における年次計画の概要と研究協力体制

(申請時点から採用までの準備)

多波長光源を用いた紫外線投影 / 熱投影が可能なプロジェクタの開発に取り組む。紫外線投影については、DLP プロジェクタ (Texas Instruments DLP LightCrafter 4500) に紫外光源を追加して実現する。熱投影については、上記 DLP プロジェクタに 10 W 赤外 LED 光源を追加して予備実験を行ったが (図 16)、期待した熱量に達しなかったため継続した開発を行う。リアルタイムに投影情報を更新可能な PVLC プロジェクタについては、評価実験を進めると共に、高速な明滅に対応した受光器回路の開発を行う。

図 16: 熱投影の予備実験

(1年目)

紫外光源の追加については開発を継続し、赤外光源の追加については、レーザー走査型プロジェクタ (SONY MP-CL1A) に赤外レーザー光源 (光響 モード同期 Yb ファイバーレーザー) を追加して開発に取り組む。これらの開発は、レーザー走査型プロジェクタの光学系設計経験を豊富に有する受入研究室の岩井准教授の協力の下で行う。また、可視光と紫外・赤外光が同時に位置ずれなく投影されているかを評価し、紫外線投影 / 熱投影を映像投影と同時に実現するプロジェクタ技術を確立する。もし、熱投影が期待した熱量に達しない場合は、より光損失の少ないガルバノスキャナを用いた投影システムを開発し、熱投影の原理実証を優先する。また、家庭用プリンタを使用した印刷によりクロミックインクの塗布手法を開発し、その設計自由度や発色について評価する。PVLC プロジェクタについては、光計測と信号処理のエキスパートである佐藤教授の協力の下で開発の成果をまとめ、技術基盤として確立する。

(2年目)

クロミックインクを塗布した投影対象物体の発色制御を用いて、明るい環境におけるプロジェクションマッピングの高コントラスト化を実現し、その有効性を評価する。また、同時に 3D プリンタを用いた物体とインクの同時出力によるクロミックインクの塗布手法を開発し、その設計精度や自由度、発色について評価する。この開発は、3D プリンタを用いたクロミックインク塗布技術の開発経験を豊富に有する受入研究室の Punpongsanon 助教の協力の下で行う。そして、やわらかな変形が可能な投影対象物体を、相転移アクチュエータや形状記憶材料を組み込んだソフトロボットとして設計、製造する手法について、JST ERATO 川原万有情報網プロジェクトの助言の下で確立し、その設計自由度と制御性を評価する。

(3年目)

クロミックインクを塗布した投影対象物体の発色制御を用いて、映像表現と発色表現を相補的に使用したプロジェクションマッピングを実現する。そして、この技術を利用した拡張現実感システムを構築し、その評価を行うことで、投影対象の反射特性制御の有用性を明らかにする。投影対象物体の変形制御については、熱投影による相転移アクチュエータ制御と、PVLC による位置情報を用いた形状記憶材料の変位フィードバック制御の実証を行い、その精度と制御性について評価する。また、日常空間に調和する構造として投影対象物体を構成し、映像と協調して投影対象が変形するプロジェクションマッピングを実現、評価することで、投影対象の形状制御の有用性を明らかにする。

(5) 受入研究室の選定理由

■ 受入研究室を知るきっかけ・研究実施についての打合せ状況

申請者が国内学会で発表した際、内容について受入研究室の岩井准教授と議論したのがきっかけである。メールで継続的に議論を行った後、2018 年 4 月に申請者が研究室を訪問、佐藤教授、岩井准教授と博士課程での研究と本研究課題について説明、議論した。その後もテレビ会議などで密に連絡を取り合っており、受入研究室は申請者の博士課程での研究と、本研究課題の内容や計画について十分な理解を有すると言える。

■ 受入研究室で研究することのメリット、新たな発展・展開

受入研究室は、目的に応じて投影対象物体を設計し、その物体に対してプロジェクションマッピングを行う研究について、国際的にも主要な役割を果たしている。よって、映像と投影対象の位置合わせやアプリケーション開発といった、申請者が未経験であるプロジェクションマッピングシステムの構築に関する多くの知見を有する。一方、申請者は映像と情報を同時に投影することで物体を制御する空間分割型可視光通信の研究を通じて、光学設計や動作制御といったプロジェクタの基盤技術について知見を有する。また、申請者は研究プロジェクトの活動においてクロミックインクやソフトロボットを用いたシステム設計、実装を経験している。双方の知見を合わせることで、投影対象物体とプロジェクタの双方の設計技術を発展させ、映像と投影対象の双方が連動して変化することで現実を拡張する表現形態の構築が期待できる。

(6) 人権の保護及び法令等の遵守への対応

本研究では，一部研究項目において被験者実験を行うため，その際は相手方の同意・協力を必要とする．

被験者に提示する実験計画書には，研究題目，目的，被験者の権利，研究方法及び期間，個人情報の取り扱い，結果の開示及び公開，研究から生じる知的財産権の帰属，研究終了後の資料取り扱いの方針，費用負担，謝礼に関する事項，問い合わせ先等を明記し，被験者の同意を得た上で実験を実施する．

また，一部研究項目では高出力レーザーを用いた実験を行う可能性があるが，その際は研究実施機関のレーザー取り扱い規定を遵守し，専用の実験区画を設けた上で安全に十分に配慮して実験を実施する。

4. 研究成果等

(1) 学術雑誌 (紀要・論文集等も含む) に発表した論文及び著書

[1] 【査読あり】 <u>Takefumi Hiraki</u>, Shogo Fukushima, Yoshihiro Kawahara, and Takeshi Naemura: "Phygital Field: an Integrated Field with Physical Robots and Digital Images using Projection-based Localization and Control Method," Journal of Control, Measurement, and System Integration, SICE, vol. 11, no. 4, 10 pp. (2018.7). (採録決定済)

[2] 【査読あり】 <u>平木 剛史</u>, 小泉 実加, 周 磊杰, 福嶋 政期, 苗村 健: "可視光通信プロジェクタの表現力向上に向けたデータ転送と光源制御の研究," 日本バーチャルリアリティ学会論文誌, vol. 21, no. 1, pp. 197 – 206 (2016.3).

(2) 学術雑誌等又は商業誌における解説・総説
なし

(3) 国際会議における発表

[3] 【ポスター, 査読あり】○ Satoshi Abe, Atsuro Arami, <u>Takefumi Hiraki</u>, Shogo Fukushima, and Takeshi Naemura: "Imperceptible Color Vibration for Embedding Pixel-by-Pixel Data into LCD Images," Proceedings of the 2017 ACM Conference Extended Abstracts on Human Factors in Computing Systems, pp. 1464 – 1470, Denver, USA (2017.5).

[4] 【口頭, 査読あり】○ <u>Takefumi Hiraki</u>, Shogo Fukushima, and Takeshi Naemura: "Projection-based Localization and Navigation Method for Multiple Mobile Robots with Pixel-level Visible Light Communication," Proceedings of the 2016 IEEE/SICE International Symposium on System Integration, pp. 862 – 868, Sapporo, Japan (2016.12).

[5] 【口頭・実演展示, 査読あり】○ <u>Takefumi Hiraki</u>, Shogo Fukushima, and Takeshi Naemura: "Phygital Field: an Integrated Field with a Swarm of Physical Robots and Digital Images," ACM SIGGRAPH Asia 2016 Emerging Technologies, Talk, pp. 2:1 – 2:2, Macao, China (2016.12).

[6] 【実演展示, 査読あり】○ <u>Takefumi Hiraki</u> *, Koya Narumi *, Koji Yatani, and Yoshihiro Kawahara: "Phones on Wheels: Exploring Interaction for Smartphones with Kinetic Capabilities," Adjunct Proceedings of the 29th Annual ACM Symposium on User Interface Software & Technology, pp. 121 – 122, Tokyo, Japan (2016.10). (* Joint First Authors)

[7] 【口頭, 査読あり】○ <u>Takefumi Hiraki</u>, Yasuaki Kakehi, and Yoshihiro Kawahara: "Basic Estimation of Internal Power Harvesting in the Mouth Cavity," Adjunct Proceedings of the 2016 ACM International Joint Conference on Pervasive and Ubiquitous Computing, pp. 954 – 957, Heidelberg, Germany (2016.9).

[8] 【口頭, 査読あり】○ <u>Takefumi Hiraki</u>, Shogo Fukushima, and Takeshi Naemura: "Sensible Shadow:

Tactile Feedback from Your Own Shadow," Proceedings of 7th Augmented Human International Conference, pp. 23:1 – 23:4, Geneva, Switzerland (2016.2).

[9] 【ポスター，査読あり】。Takefumi Hiraki, Issei Takahashi, Shotaro Goto, Shogo Fukushima, and Takeshi Naemura: "Phygital Field: Integrated Field with Visible Images and Robot Swarm Controlled by Invisible Images," ACM SIGGRAPH2015 Posters on, p. 85:1, Los Angeles, USA (2015.8).

(4) 国内学会・シンポジウムにおける発表

[10] 【口頭，査読なし】。松本 晟, 阿部 知史, 荒見 篤郎, 平木 剛史, 苗村 健: "不可視の色振動を用いた M 系列による映像上の位置情報伝送の基礎検討", 信学総大, 東京 (2018.3).

[11] 【口頭，査読なし】。荒見 篤郎, 平木 剛史, 福嶋 政期, 苗村 健: "可視光通信プロジェクタの高画質化・高効率化を実現する符号化方式", 信学技報, MVE2017-62, vol. 117, no. 392, pp. 307 – 312, 大阪 (2018.1).

[12] 【口頭，査読なし】。阿部 知史, 荒見 篤郎, 平木 剛史, 福嶋 政期, 苗村 健: "不可視の色振動を用いた 2 次元パターンによるディスプレイ–カメラ間通信の基礎検討", 日本 VR 学会大会, 2B2-02, 徳島 (2017.9).

[13] 【口頭，査読なし】。平木 剛史, 福嶋 政期, 川原 圭博, 苗村 健: "ハンドヘルドプロジェクタを用いた空間分割型可視光通信の提案", 日本 VR 学会大会, 1B3-02, 徳島 (2017.9).

[14] 【口頭，査読なし】。阿部 知史, 荒見 篤郎, 平木 剛史, 福嶋 政期, 苗村 健: "LCD カラー映像に情報を重畳するための不可視な色変調方式の基礎検討", 日本 VR 学会大会, 21C-02, つくば (2016.9).

[15] 【口頭，査読なし】。荒見 篤郎, 高橋 一成, 平木 剛史, 福嶋 政期, 苗村 健: "空間分割型可視光通信におけるグレイ符号を拡張したマッピングによる MPPM 方式の提案", 信学総大, A-9-19, 福岡 (2016.3).

[16] 【口頭，査読なし】。高橋 一成, 平木 剛史, 福嶋 政期, 苗村 健: "可視光通信プロジェクタ映像の色表現向上に向けた色空間選択手法", 信学技報, MVE2015-44, vol. 115, no. 415, pp. 149 – 154, 大阪 (2016.1).

[17] 【口頭，査読なし】。小泉 実加, 平木 剛史, 福嶋 政期, 苗村 健: "可視光通信プロジェクタにおける複数光源の点滅制御", 信学技報, MVE2015-11, vol. 115, no. 125, pp. 23 – 28, 東京 (2015.7).

[18] 【口頭，査読なし】。平木 剛史, 高橋 一成, 福嶋 政期, 苗村 健: "可視光通信プロジェクタを用いた映像上における群ロボット制御の基礎検討", 信学技報, MVE2015-3, vol. 115, no. 76, pp. 31 – 36, 出雲 (2015.6).

(5) 特許等

[19] Takefumi Hiraki, Masaaki Fukumoto: "TOUCH OPERATED SURFACE," U.S. Patent. (申請中)

(6) その他

[20] MVE 賞, 荒見 篤郎, 平木 剛史, 福嶋 政期, 苗村 健: "可視光通信プロジェクタの高画質化・高効率化を実現する符号化方式", 電子情報通信学会 メディアエクスペリエンス・バーチャル環境基礎専門研究委員会 (2018.1).

[21] 平木 剛史, 日本学術振興会 特別研究員 (DC2), "空間分割型可視光通信を用いたロボット操作インタフェースの構築", 配分額 2,200 千円 (2017.4 – 2019.3).

[22] Takefumi Hiraki, The Award of Excellence in the Microsoft Research Asia Internship Program (2017.4).

[23] 経済産業省 Innovative Technologies 2016, 東京大学 苗村研究室 (平木 剛史, 福嶋 政期, 苗村 健): "フィジタルフィールド" (2016.10).

[24] MVE 賞, 平木 剛史, 高橋 一成, 福嶋 政期, 苗村 健: "可視光通信プロジェクタを用いた映像上における群ロボット制御の基礎検討", 電子情報通信学会 メディアエクスペリエンス・バーチャル環境基礎専門研究委員会 (2015.6).

Sample ④　平木剛史さん（平成29年度 DC2 申請，書面審査で採用）

研究課題名：空間分割型可視光通信を用いたロボット操作インターフェースの構築
審査区分：総合／人間情報学／ヒューマンインターフェース・インタラクション

2. 現在までの研究状況

研究の背景・問題点

　現実世界と情報環境の効果的な融合を目指した拡張現実感 (AR) 技術は，ユーザにとって直観性の高い情報メディア技術として盛んに研究が行われている．しかし，現状では**ディスプレイという閉じたバーチャルな空間の中で現実が拡張された感覚を提示するものがほとんど**であった．一方，Display-Based Computing (DBC) [1] では映像表示装置であるディスプレイを，同時に情報提示装置としても用いることで**現実拡張型の情報環境**を実現している．しかし，DBC では可視のマーカによって情報を提示するため映像の見た目が損なわれたり，機器の追加の際に初期化が必要という課題が存在した．
　一方，可視の映像の中に不可視の情報を埋め込むことができる**空間分割型可視光通信** (PVLC) [2] の研究が進んでいる．PVLC は可視光通信 (VLC) の原理を投影する映像の個々の画素に対して適用したもので，映像と情報の位置が原理的に一致するため**情報の位置ずれが全く発生せず，初期化の必要もない**．しかし，従来の PVLC は**映像表現力が非常に低く**，映像は白黒で動画の再生も不可能であった．また，移動する受信機器に対して適用する場合，**高い空間密度での情報送信も困難であり，位置制御も精度が低かった**．そのため，従来は位置ずれに対して頑健な映像コンテンツのみが提供されていた．

解決方策

　映像表現力と移動物体の位置に応じた高精度な制御　という課題は，**既存手法の情報伝送の速度が低速**であったことと，**異なる画素間での混信**が発生することに起因している．そこで，**PVLCの基盤技術開発**によってこれらの解決を目指すとともに，ロボットやウェアラブルデバイスといった**移動物体を伴うアプリケーション**を提案することでその実証を行う．

研究目的・研究方法

　本研究では，既存の PVLC を改良して映像投影・受信を行うプロジェクタと受光器の新規開発，データ埋め込み手法の改善により，**混信に対する頑健性や効率的な信号送受信など各種性能の向上**に取り組む．またこれを基盤とし，**PVLC による映像表現とロボット制御や触覚提示を組み合わせる**ことで，豊かなコンテンツ表現を実現する．これにより，実用化にあたって必要な基礎技術の確立と新たな表現の可能性を提案し，利用形態の拡大を目指す．

特色と独創的な点

　既存研究ではマーカ映像や初期化処理を要したが，本研究では投影される映像自体に埋め込まれた情報を移動物体が受信することで制御を行うので，原理上これらは不要である．そのため，**マーカレス，初期化レスな制御**が実現され，システム動作中に移動物体を投影空間の外から追加しても即座に制御下に置くことが可能となる．また，既存研究では移動物体のトラッキングを行っていたが，本研究では映像内に情報が偏在しているためその必要はない．また，混信を考慮した信号符号化や高速の明滅光を使用した信号送受信を行っているため，**高速に移動する物体でも精密な自己位置推定が可能**となる．

これまでの研究経過及び得られた結果

(1) PVLC の表現力向上と移動物体の位置に応じた制御に向けた基盤技術開発 (研究業績 [1],[5])

　PVLC の映像表現力と情報伝送における空間解像度の向上に向けて，**RPVLC** (Reconfigurable PVLC) フレームワークを用いた**プロジェクタ**の設計，実装を行い，**高速な明滅光に対応した受光器回路の設計と実**装を行った．申請者は回路の設計・実装とフレームワークの拡張，評価を担当した．本システムでは，LED 光源を 48KHz，DMD を 3 KHz と**異なる周波数で同期して明滅**させることで，**効率的な信号送受信を可能**とした．評価実験では，カラー映像のリアルタイム転送と光源制御によるデータの効率的な転送について検証し，設計通りの性能を有していることを確認した．

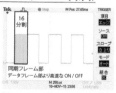

図 1: LED と DMD の同期信号送信

(2) Sensible Shadow: 触覚フィードバックを有する影インタフェースシステム (研究業績 [3])

PVLC を用いた映像表現と装着型触覚ディスプレイを組み合わせたシステムとして Sensible Shadow を提案した．光反応型の触覚ディスプレイを装着したユーザが投影光を遮ることで，**映像にユーザの影が重畳される**一方，情報を受信したデバイスの**高速かつ適切な触覚フィードバック**により触覚提示インタフェースとして機能する．ユーザの位置によって影の大きさが変化しても，PVLC の特性により影と触覚提示インタフェースの位置は必ず一致している．評価実験では，知覚不可能な微小時間の遅延で触覚フィードバックを実現していることを明らかにした．

図 2: Sensible Shadow を用いたエンタテイメントシステム

(3) Phygital Field: PVLC を用いた映像上における群ロボット制御システム (研究業績 [2],[4],[6])

PVLC 映像上において群ロボットの自己位置推定と制御を実現するシステムとして，Phygital Field を提案した．プロジェクタと小型群ロボットの開発を行った上で，混信を考慮した位置座標情報の埋め込みによる**安定した自己位置推定**と，速度ベクトル情報の埋め込みによる**場の概念を用いた移動制御**を設計した．申請者は全体の設計，評価と，ロボット側の仕様決定，設計，実装を担当した．自己位置推定の評価では，従来手法と代替可能な精度であることを示し，動作制御の評価では，速度ベクトル場の操作により目標点追従制御が可能であることを明らかにした．

図 3: Phygital Field におけるインタラクション

[1] 稲見ら: "Display-Based Computing の研究 第一報…", VR 大会論文集, pp.441-442, 2005.
[2] 北村ら: "DMD を用いた空間分割可視光通信…", VR 論, Vol.12, No.3, pp.381-388, 2007.

3. これからの研究計画

(1) 研究の背景

背景・問題点・解決すべき点

iRobot 社の掃除ロボットの普及に代表されるように，ロボットは我々にとって身近かつ日常的な存在となっている．だが，そのほとんどはプログラムされた挙動を繰り返すかスイッチ等で進行方向を誘導するもので，ユーザの要請や希望などを反映することはできなかった．この課題を解決するため，**室内空間においてユーザがロボットの操作を行うインタフェース** [3],[4] の研究が進められている．しかし，これらの研究ではロボットの位置認識にカメラによるマーカ認識やモーションキャプチャ技術を用いているため，**ロボットの構造に制約が課され**，また**設備の設置やそのキャリブレーションも煩雑**なものであった．また，制御情報の送信には無線通信技術を用いているため，ロボットの台数の増加に従って情報を処理するコンピュータへの**システム負荷が増大**してしまうという問題も存在した．そのため，ユーザがこれらのシステムを実際に室内環境に設置してロボット操作のために使用するためには設備や調整面において現実的ではないという状況であった．

着想に至った経緯

これまで申請者は，PVLC の基盤技術開発やそれを応用した画面操作インタフェースやロボット制御について研究を行ってきたが，個々の技術開発に留まっていた．本研究ではこれらの要素技術を統合し，**ユーザがプロジェクタで照らすだけで自由にロボットを操作可能**インタフェースを，**位置合わせやキャリブレーションが不要なシステム**として構築することを目的とする．映像と情報の位置ずれが発生しないという PVLC の特性により，**絶対位置座標の送信によるロボットの頑健な自己位置推定と制御**が実現可能である．これにより，ロボットを直接押すなどの操作を行っても位置の継続的な取得が可能となるため，日常空間におけるロボット操作に適した頑健なシステムを構築可能であると考え，本研究の着想に至った．

[3] JST ERATO 五十嵐デザインインタフェースプロジェクト http://www.jst.go.jp/erato/igarashi/
[4] 細井ら: "CoGAME: ハンドヘルドプロジェクタを用いた…", VR 論, Vol.12, No.3, pp.285-294, 2007.

（2）研究目的・内容

研究目的

　本研究の目的は，**空間分割型可視光通信（PVLC）を用いたロボット制御技術**により，**外乱に対して頑健で，かつ容易に使用可能なロボット操作インタフェース**を実現することである．PVLC による同時並列的な情報送信を活用することで，**煩雑な装置の設置やキャリブレーションは不要**となり，ロボットの台数が増加しても**システム負荷は一定**となる．本研究が実現すると，ユーザはプロジェクタで照らすだけでロボットの操作が可能となり，自由かつ容易にロボットの行動を制御することができる．

研究方法，研究内容

　本研究では，これまでの研究成果を統合した (1) **身体の影を用いた群ロボット制御インタフェースの構築**を行った上で，精密な位置推定技術の欠如により研究が未開拓である (2) **ドローン操作インタフェースの構築**へ展開し，(3)**可搬な PVLC システムの開発とそのインタフェースへの応用**を通じて，室内空間で使用可能なロボット操作インタフェースの様々な形態について提案を行う．

(1) 身体の影を用いた群ロボット制御インタフェースシステムの構築

　以前の研究である，影を用いたインタフェースシステム（Sensible Shadow）と群ロボット制御システム（Phygital Field）を統合し，**影を用いた身体動作で群ロボットを操作，制御するインタフェース**を構築する．影は身体動作の延長として，**位置や伸縮の調整を直感的に行うことができる**ため，制御対象の大きさが動的に変化する群ロボット制御に適したインタフェースであると考えられる．Sensible Shadow と Phygital Field はどちらも PVLC により制御されているので，これらを統合し**単一の投影空間内で**システムを構成する．評価実験では，提案手法による群ロボットの操作性について，課題達成時間や達成度などから検証し，その有用性を明らかにする．

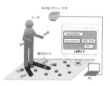

図 4: 影を用いた群ロボット操作の模式図

(2) PVLC を用いたドローンの自己位置推定とドローン操作インタフェースの構築

　室内におけるドローン位置推定では Wi-Fi の電波を用いた ToF 計測による手法 [5] が提案されているが，精度はサブメートル程度であった．そこで，PVLC を用いて位置情報を送信することで，**ミリメートルオーダーの精度で室内環境におけるドローンの自己位置推定**を実現する．受光機器はドローンと一体的に設置し，取得した位置情報はドローンへ高速にフィードバックする．また，この精密かつ頑健な位置推定技術を基盤として，投影空間内で**ユーザがドローンに直接触れて操作を行う**ドローン操作インタフェースを構築し，その応用可能性を明らかにする．

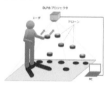

図 5: ドローン操作の模式図

(3) 可搬な PVLC システムの開発とそのインタフェースへの応用

　これまで PVLC システムで使用していたプロジェクタは大型で重く，可搬性に乏しかった．そこで，小型かつ軽量な DLP® プロジェクタを用いることで，PVLC を**500g 程度の可搬なシステム**として構築する．この際，**映像と情報の転送時における，転送データの符号化アルゴリズムの新規実装**を行うことで，高速な映像と情報の更新を実現する．転送フレーム中のデータ部と映像部を分別し，映像部については画像データとしてデコード，そのまま投影を行うことで転送容量を圧縮することで，性能面で制約のある小型プロジェクタ環境でも PVLC を実現する．また，この可搬なプロジェクタを用いて，**懐中電灯のようにロボットを照らして操作を行うインタフェース**を開発し，その操作性を検証した上で有用性を明らかにする．

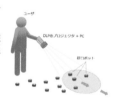

図 6: 懐中電灯型インタフェースの模式図

[5] Vasisht et al: "Decimeter-Level Localization with a Single WiFi Access Point", NSDI '16, pp.165-178, 2016.

(3) 研究の特色・独創的な点

本研究は，PVLC を用いてロボットの自己位置推定と制御を行うことで，**ユーザの操作に対して頑健な
ロボット操作インタフェース**を，**煩雑な機器の設置やキャリブレーションなしに**プロジェクタでロボッ
トを照らすだけで実現するという点で極めて独創的な研究である．

プロジェクタ-カメラシステム [4] や DBC を用いたロボット制御手法ではロボットのトラッキングを要
していたが，本研究では PVLC によって**絶対位置情報を同時並列的に送信**しているため，ユーザが直接
ロボットに触れたり押したりといった操作を行っても，**頑健な自己位置推定が可能である**という点が本
研究の特色である．また，ドローンは接地形のセンサを使用できないため絶対位置の取得が困難であった
が，本研究によって**ミリメートルオーダーでのドローンの絶対位置座標の取得**が実現でき，外乱に対し
て頑健な制御が可能となる．群ロボットを用いたシステムとしては，複数のロボットが形を構成すること
で映像表現を行うもの [6] や複数台が協調して物体の搬送を行うものが提案されており，本研究の成果を
応用すれば，このような応用形態について**ユーザが動作をデザイン**した上で実現することができる．

また，kHz オーダーの高いフレームレートを有する有機 EL ディスプレイが実用化されれば，本研究
で用いた DLP® プロジェクタを代替することができ，またプロジェクタを用いた照明装置にも組み込む
ことが可能である．このような環境においても，**本研究において明らかとなった符号化手法などの知見
は適用可能**であるため，将来的には**日常環境に存在する映像装置や照明装置**にそのまま PVLC によるロ
ボット操作インタフェース機能を付与することが可能であると考えられる．

[6] Alonso-Mora et al: "Multi-Robot System for Artistic Pattern Formation", ICRA '11, pp.4512-4517, 2011.

(4) 年次計画

（1年目）
(1) 身体の影を用いた群ロボット制御インタフェースシステムの構築
これまでの研究で提案した Phygital Field と Sensible Shadow の両システムを統合し，PVLC によって
投影される**単一の投影空間内で身体とその影を用いた群ロボット操作インタフェース**を実現する．また，
ロボットの操作性についての評価実験を，タスク達成度やタスク完了時間の測定などの指標を用いて行
い，インタフェースとしての有用性を明らかにする．
(2) - 1 PVLC を用いたドローンの自己位置推定と制御技術の開発
(2) の研究内容のうち，**PVLC を用いたドローンの自己位置推定と制御**について開発を行う．受光器を
含めた小型かつ軽量な位置情報取得・送信回路を開発する．これを小型ドローン Phenox2 に搭載し，受
信した位置情報を反映した制御プログラムを開発，ドローン内に実装する．そして，ドローンの3次元自
己位置推定の精度と，位置情報を反映したドローンの移動制御について評価実験を行う．

（2年目）
(2) - 2 PVLC を用いたドローン操作インタフェースの構築
(2) の研究内容のうち，開発した自己位置推定，制御技術を基盤とし，操作に対して**頑健なドローン操作
インタフェース**の開発を行う．(1) において開発したシステムをドローン制御に適用し，ユーザが**直接ド
ローンに触れて方向を指示するなどの操作が可能**なシステムを開発する．また，(3) で開発するシステム
を用いて，懐中電灯のようにドローンを照らして操作するシステムについても検討を行う．
(3) 可搬なシステムによる情報投影技術の開発とそのインタフェースへの展開
プロジェクタとして，TI 社の DLP® LightCrafter 4500 を使用して可搬なシステムの開発を行う．本プロ
ジェクタは小型なため性能面で制約が存在するが**効率的な転送データ符号化手法を開発，実装**すること
で PVLC を実現する．評価実験では，データ転送速度や映像のフレームレートについて評価を行い，そ
の性能を明らかにする．また，本プロジェクタを用いて**懐中電灯のようにロボットを照らして操作を行
うインタフェース**を開発し，その操作性を検証した上で有用性を明らかにする．

（3年目）（DC 2 は記入しないこと）

(5) 人権の保護及び法令等の遵守への対応

本研究では, 一部研究項目において被験者実験を行うため, その際は相手方の同意・協力を必要とする. 実験に際しては, 東京大学研究倫理審査実施規則に則り, 東京大学倫理審査専門委員会に申請を行い, 許可を得た上で実験を遂行する.

被験者に提示する実験計画書には, 研究題目, 目的, 被験者の権利, 研究方法及び期間, 個人情報の取り扱い, 結果の開示及び公開, 研究から生じる知的財産権の帰属, 研究終了後の資料取り扱いの方針, 費用負担, 謝礼に関する事項, 問い合わせ先等を明記し, 被験者の同意を得た上で実験を実施する.

4. 研究業績

(1) 学術雑誌 (紀要・論文集等も含む) に発表した論文, 著書
1. 【査読あり】平木 剛史, 小泉 実加, 周 磊杰, 福嶋 政期, 苗村 健: "可視光通信プロジェクタの表現力向上に向けたデータ転送と光源制御の研究," 日本バーチャルリアリティ学会論文誌, vol. 21, no. 1, pp. 197 – 206 (2016.3).

(2) 学術雑誌等又は商業誌における解説・総説
なし

(3) 国際会議における発表
2. 【ポスター, 査読あり】○Takefumi Hiraki, Issei Takahashi, Shotaro Goto, Shogo Fukushima, and Takeshi Naemura: "Phygital Field: Integrated Field with Visible Images and Robot Swarm Controlled by Invisible Images," ACM SIGGRAPH2015 Posters on, Article No.85, Los Angeles, USA (2015.8).

3. 【口頭, 査読あり】Takefumi Hiraki, Shogo Fukushima, and Takeshi Naemura: "Sensible Shadow: Tactile Feedback from Your Own Shadow," Proceedings of 7th Augmented Human International Conference, Article No.23, Geneva, Switzerland (2016.2).

(4) 国内学会・シンポジウムにおける発表
4. 【口頭, 査読なし】○平木 剛史, 高橋 一成, 福嶋 政期, 苗村 健: "可視光通信プロジェクタを用いた映像上における群ロボット制御の基礎検討," 信学技報, MVE2015-3, vol. 115, no. 76, pp. 31 – 36, 出雲 (2015.6).

5. 【口頭, 査読なし】○小泉 実加, 平木 剛史, 福嶋 政期, 苗村 健: "可視光通信プロジェクタにおける複数光源の点滅制御," 信学技報, MVE2015-11, vol. 115, no. 125, pp. 23 – 28, 東京 (2015.7).

6. 【口頭, 査読なし】○高橋 一成, 平木 剛史, 福嶋 政期, 苗村 健: "可視光通信プロジェクタ映像の色表現向上に向けた色空間選択手法," 信学技報, MVE2015-44, vol. 115, no. 415, pp. 149 – 154, 大阪 (2016.1).

7. 【口頭, 査読なし】○荒見 篤郎, 高橋 一成, 平木 剛史, 福嶋 政期, 苗村 健: "空間分割型可視光通信におけるグレイ符号を拡張したマッピングによる MPPM 方式の提案," 信学総大, A-9-19, 福岡 (2016.3).

(5) 特許等
なし

(6) その他
8. MVE 賞, 平木 剛史, 高橋 一成, 福嶋 政期, 苗村 健: "可視光通信プロジェクタを用いた映像上における群ロボット制御の基礎検討," 電子情報通信学会 マルチメディア・仮想環境基礎専門研究委員会 (2015.6).

また, 研究上の業績ではないが, チーム・団体として以下の受賞歴がある.

9. ロボカップジュニア 2006 レスキューチャレンジセカンダリ マルチチーム部門 準優勝 (2006.6).

10. NHK 大学ロボコン 2011 優勝・ABU アジア・太平洋ロボコン 2011 ABU ロボコン大賞受賞 (2011.6-8).

11. 平成 23 年度 第1回東京大学総長賞 受賞 (東京大学工学部丁友会 RoboTech として) (2011.10).

12. NHK 大学ロボコン 2012 優勝・ABU アジア・太平洋ロボコン 2012 ベスト 4, ABU ロボコン大賞受賞 (2012.6-8).

13. NHK 大学ロボコン 2013 準優勝 (2013.6).

5. 自己評価

1. 研究職を志望する動機、目指す研究者像、自己の長所等

研究職を志望する動機

申請者の好きな言葉にアーサー・C・クラークの **「充分に発達した科学技術は、魔法と見分けが付かない」** というものがある．幼少期、科学館で見た自律動作するロボットや、テーマパークの多様な五感刺激を与えるアトラクションは申請者にとって、まさに「魔法」のように感じられた．成長するにつれてその原理がすこしずつ理解できるようになり、将来には自身の手で人が「魔法」と思える科学技術を創出したいと夢見るようになった．自身の研究システムの展示において、子供達が目を輝かせてシステムを体験している様子からその一歩を踏み出せたと感じた．この時改めて、**研究を通じて世界中の人々の日常体験に「魔法」をかけられるような研究者** として生きていこうと決意し、研究職を志望した．

目指す研究者像

申請者が目指す研究者像は、自分の **専門に関する深い知識や技術開発力を基礎** としながらも、広い視野でそれにとらわれることなく **アイディアを創出できる能力** を持ち、かつそれを確実に形にする **実現力** を持った上で、その成果によって **人に豊かな体験と夢を与えることができる研究者** である．研究の実現には専門的知識や技術力はもちろん不可欠であるが、視野を狭めることなく他分野の知見も参考にし、その根底に存在する基本原理を見出す能力、アイディア倒れに終わらせること無く、検討、試行を繰り返しながらそれを形にする力を身に付けたいと考えている．そして、創出した技術を社会に還元、その中で更に改善していくプロセスまで含め実現できる研究者でありたいと考えている．

自己の長所

申請者の長所は **旺盛な知的好奇心** と **ものづくり経験の豊富さ** である．前者については、私はわからないことがあれば何事も調べてみないと済まない性格であり、その活動によって培った理論的知識が、分野横断的な研究分野の提案、研究における綿密なサーベイに役立つ．後者については、約10年弱の競技用ロボット開発経験や、学科における演習課題、趣味であるハッカソンへの参加や電子工作関連の同人活動に裏打ちされており、これらの活動を通じて得た **プロトタイピング能力と経験的な知識** が、研究内容の着想や検討、遂行の上で不可欠なものであったと実感している．

2. 自己評価をする上で、特に重要と思われる事項

特色ある学外活動として、中学、高校では部活動、大学ではサークル活動を通じて **競技用ロボット製作に取り組んだ** ことが挙げられる．中学、高校においては、ロボット同好会のメンバーとして、ロボカップジュニアに参加した．申請者は電子回路設計、製作担当として中心的に活動し、チームリーダーとして出場したロボカップジュニア ジャパンオープン 2006(全国大会)にて第3位となり、選抜チームとして **ロボカップジュニア 2006(世界大会) に出場、準優勝の成績** を収めた．

大学では、ロボットコンテストに出場し優勝を目指す学内公認団体「東京大学工学部丁友会 RoboTech」に学部の4年間所属し、最終年度は **部長を務めた**．2011年度、2012年度、2013年度にロボットの制御ソフト開発担当として参加、活動し、日本全国の大学チームによるロボット競技会「NHK大学ロボコン」において、2011、2012年度は **優勝**、2013年度は **準優勝** の成績を収めた．2011、2012年度は同大会の世界大会に相当する「ABUロボコン」に出場し、2012年には **出場メンバー3名の1人かつチームリーダー** を務めた．2011年度はベスト8、2012年度はベスト4の成績を収め、また両年度においてもっとも優秀なロボットに送られる **ABU ロボコン大賞** を受賞した．また、ロボットコンテスト全国優勝及び国際大会での大賞受賞と国際交流が評価され、平成23年度学生表彰「**東京大学総長賞」を受賞** した．

本サークルは部員約100名(当時)、年間予算数百万円と大規模であり、学生自身の手で予算の獲得・運用やプロジェクトマネジメント、ロボット開発に必要なワークショップや勉強会の開催が行われている．この組織を **部長として運営した経験** から、多人数でのものづくりやプロジェクトマネジメント、組織におけるリーダーシップに関して優れた能力を有していると考えている．

研究課題名：永遠真理創造説に着目したデカルト形而上学の包括的研究
審査区分：人文学／思想、芸術およびその関連分野／哲学および倫理学関連

2. 現在までの研究状況

①これまでの研究の背景

◆**研究主題**：申請者の研究は、デカルト(René Descartes, 1596–1650)の「**永遠理創造説 doctrine de la création des vérités éternelles**」を主題とし、当説を『省察 *Meditationes*』(1641)の根底に位置付け直すものである。「数学・自然学的真理を含む**永遠真理**は、他の被造物同様、神が行使する**作用的原因 cause efficiente** によって**創造された**」という主張を核とするこのテーゼは、**1630**年に知己メルセンヌへの**四書簡**(à Mersenne, 15 avril；6 mai；27mai；25 novembre)において宣言され、以後、いくつかの著作・書簡のうちに散見される。当書簡は散逸した「形而上学の小篇」(1629)の内容を伝えており、初期デカルトの形而上学的思索の核心を知る上での最重要資料である。永遠真理創造説は、デカルトの後にも先にも類例を見ないという点で、デカルトのラディカルな独自性を物語る。とはいえ、当説の哲学的動機は明快であって、「われわれはなぜ真理を獲得できるのか」という類の議論に、真理の成立条件の側からアプローチするものである。しかしこのアプローチはデカルト哲学において、神の創造という宗教的基礎に依存し、哲学的にフラジャイルであると、しばしば批判的的なってきた。申請者は、こうした批判に対抗し、特定の宗教に依存しない、永遠真理創造説の哲学的意義の解明をめざす。修士論文では当説の本来の意義と射程を解明し、博士課程進学後、この成果に基づき『省察』の根本問題を再解釈することになる。

◆**研究情勢**：今日、永遠真理創造説の解釈方針は**混乱**のなかにある。(1)1970年代は、ロディス＝レヴィス[1]を典型として、当説は、自然学的真理とこの私とを神の創造しする役割、つまり**自然学の形而上学的基礎づけ**を担うとされた。(2)1980年代はマリオン[2]を中心に、真理を服従させるほどの神の無限の能力、言いかえるなら、形而上学の領域を超え出るほどの神の絶対的自由を強調する解釈が主潮をなす。しかし1990年代以後、これらの解釈は強力な批判を受けることになった。(3)村上[3]はデカルト自然学についての解明を元手に、**30**年の永遠真理創造説は単体では自然学の基礎づけをなさないことを示し、ロディス＝レヴィスの解釈を批判した。その上で村上は、「この私(ego)が、真理の観念をもつものとして創造されていること」を当説の要とみなすが、これはこれで、四書簡をあまりに切り詰めて読解しており、当説の本来の射程を過小に評価していると反論できる。(4)ベサードは[4]が神の絶対的超越性を緩和し、**形而上学の内側から神を論じる場を拓くこと**こそ当説の核心であると看破したことにより、マリオンの解釈も説得力を失いつつある。ところがベサードの読みは、1644年の書簡(à Mesland, 2 mai 1644)を主な典拠とするため、**1630年の永遠真理創造説の枠組みからすればふさわしくない**と言える。以上4タイプの解釈は、各々に問題を抱えており、どれをとっても全幅の信頼を寄せることはできないのが現状である。

◆**問題点と解決策**：以上4タイプのすべてが、『方法叙説 *Discours de la méthode*』(1637)や『省察』(1641)など後年の形而上学を前提とした上で、1630年の四書簡を解釈してきたこと。後年の思想から初期思想へと遡行する研究によっては、30年の当説がそれ自体としてもつ枠組みや意義は見逃されかねない。実際、30年の四書簡を詳細に註解する先行研究は少なく、その本来の論旨はいまだ不透明なままである。現在申請者は、現状の混乱に対するもっとも着実な解決策として、30年の四書簡における議論の再構築を実行し、先行研究が見逃してきた当説本来の内実を明らかにしつつある。

② これまでの研究の経過および成果 （研究発表等の詳細情報は、以下4.「研究成果」に記載）

◆**経過と成果**：(1)卒業論文(2017年12月提出)～修士1年次学内発表(2018年5月)【『省察』の根底における創造のレベルの解明】永遠真理創造説の研究にむけた前段階として、『省察』の形而上学は**神による創造を根底に置いており**、これが『省察』の不可欠な基礎をなしていることを解明した。こうして、30年の書簡における創造論の研究は、『省察』の根底を明らかにするという点できわめて有意義であることを確証した。(2)修士1年次学内発表(2018年9月)～同年次学会発表(2019年2月)【永遠真理創造説の解釈上の問題点の解明】当説の先行研究を広範に読解し、その問題を析出した。とくにマリオンとベサードの対立に注目し、**創造者としての神の規定を前面に押し出すことができれば**、この対立を**調停**できることを示した。しかし同時に、創造者という規定の内実、つまりデカルトが創造という事柄で何を意味しているのかを解明するという課題が明確になった。

◆**現状での成果と見通し**：(1)**修士 2 年次学内発表**（2019 年 6 月予定）【**方法：1630 年の四書簡の読み直しと論旨の再構成**】<u>永遠真理</u>の**創造**という事柄によってデカルトが何を語ろうとしているのか、という先行研究がとらなかった問題設定から、四書簡の論旨を再構成した。【**成果：デカルト的真理概念の刷新**】従来の研究は、「真理が作用的原因によって創造された」ことについてあまり注目してこなかった。しかし、作用的原因は基本的に実在する事物に対する原因であり、かつデカルトにとって真理は実在する一箇の事物ではないとされる以上、作用的原因によって真理は創造できないと考えるのが自然である。こうした矛盾からデカルトの議論を救うため、申請者は、四書簡において真理が「事物の本質」と言い換えられている事実をもとに、**事物の本質としての真理**という新たなデカルト的真理観を発見した。こうして、<u>真理が事物の本質と何らかの仕方で同一なのであれば、作用的原因による創造も可能となる。</u>(2)**修士 2 年次学内発表**（2019 年 9 月頃予定）【**真理と事物の本質とが同一であるのはどのようにしてか**】しかし、真理の事物の本質と真理の同一性の根拠は、1630 年の四書簡のみから得られる情報では十分に明白にできない。この問題に対して、申請者は『省察』「第六省察」の「物体の存在証明」の文脈における、「自然/本性」と真理との関係についての議論に注目し、本質と真理の合一の仕方について一定の理解を得ることができると考えている。これを通じ、四書簡において語られた真理の創造という事柄の内実を明白にする。

◆**独創性**：(1)デカルト形而上学の根本問題に対する、**デカルト的創造論**というアプローチ。(2)永遠真理創造説について、1630 年の書簡のレベルで浮上する問題を精確に捉える姿勢。(3)『省察』において比較的注目度の低い「第六省察」に焦点を当てる新視点。

Reference.
[1] Geneviève RODIS-LEWIS, *L'Œuvre de Descartes,* Paris, Vrin, 1971. [2] Jean-Luc MARION, *Sur la théologie blanche de Descartes,* Paris, PUF, 1981. [3] 村上勝三『デカルト形而上学の成立』勁草書房, 1991. [4] Jean-Marie BEYSSADE, *Descartes au fil de l'ordre,* Paris, PUF, 2001.

3. これからの研究計画

(1) 研究の背景

◆**研究背景**：デカルト形而上学の全容は、主に 1950 年代から 2000 年代初頭までの優れた研究の蓄積によって、かなりの程度明らかになったとされる。とくに、デカルトの体系を精妙に組み上げたベサードと、哲学史上有意義な論点を最大限引き出したマリオンの功績は大きく、両者の基本方針は今なお支持されている。しかし両者を含め従来の研究はいずれも、<u>『省察』の形而上学の根底に「創造/被造性」のレベルを見いだしつつも、その内実を十分に解明していないという問題</u>を残している。この未解明は、冒頭で記したような<u>デカルト形而上学の根本におけるキリスト教神学への依存性を払拭できていない</u>ことを意味する。申請者は、こうした問題の解決には、次の 3 つのステップを踏む必要があると考える。(1)1630 年の永遠真理創造説の内実の解明。(2)30 年から『省察』への当説の一貫性の証明。(3)『省察』全体における当説の役割の解明。この 3 ステップを通じて、『省察』における創造の内実をクリアにすることができる。現在準備中の修士論文では、ステップ(1)を最低限解明し、ステップ(3)を「第六省察」冒頭部に限定した上で取り組んでいる。

◆**解決すべき課題**：博士課程進学時には、上にあげた 3 ステップが課題として残されることになる。(1)について、修士論文の解明が「最低限」であると留保をかけたのは、そこではデカルト内部的な探究に終始したからである。本来、30 年の思索の輪郭を精確に描写するためには、デカルト外部、つまり**同時代の哲学者たちとの比較研究**が必要である。(2)『省察』における永遠真理創造説の役割を認めるためには、**30 年から 41 年までの概念史の研究**を経て、デカルトが同じ意味で当説を保持し続けていたと確証することが必要になる。具体的には、30 年から『省察』の間に位置する『方法叙説』(1637)といくつかの書簡をたよりに、この点を解明することが課題になる。(3)最後に、『省察』の根底に永遠真理創造説を置き直すことで、同書における当説の根底性を解明することが求められる。<u>以上の 3 課題をクリアすることで、永遠真理創造説を通じて、『省察』における創造の哲学的意義を解明することができる。</u>

（2）研究目的・内容

◆**研究目的**：本研究の最大の目的は、**『省察』（1641）の根底における 1630 年の永遠真理創造説の重要性を明らかにすること**にある。言い換えると、『省察』の形而上学が、30 年以来の創造論を自らの根底に含むことを確証し、神学思想を哲学化して自らのうちに取り入れたデカルト形而上学の特殊な合理的システムと、そのプロジェクトの一貫性とを前景化することが目的である。同時に、「デカルトの創造論」という従来注目されてこなかったトピックに光を当てることをめざす。

◆**研究方法・内容**：研究内容を次の三つに分節化し、それぞれについて検討を行う。その方法として、括って言えば、比較研究や概念史研究を含んだ**多角的アプローチ**を採用することになる。

(1) 1630 年の永遠真理創造説の内実の解明

A. **30 年の四書簡内部から**：真理と事物の本質との同一視、作用的原因による事物の本質の創造などに注目し、30 年でのデカルトの立場を画定することが目的である。基本的には修士論文での成果を批判的に再検討し、問題点を見つけ次第修正する。

B. **デカルト外的な観点から**：デカルトの周辺に位置する哲学者たちとの比較研究を通じて、デカルト哲学の独自性をいっそう克明にすることが目的である。マルブランシュ(1638–1715)『真理の探究』[1]、ライプニッツ(1646–1716)『形而上学叙説』[2]等による永遠真理創造説批判や、デガベ(1610–1678)『真理の探究への批判への批判』[3]やユエ(1630–1721)『デカルト哲学の検閲』[4]による当説の改変の歴史を見れば、デカルトの「被造的事物の本質としての真理」という規定が 17 世紀にあってきわめて独特なものであることがわかる。これら批判や改変のポイントを探りつつ、デカルトの永遠真理創造説の輪郭を精確に描写する。この点は、ロディス＝レヴィス[5]やドヴィレール[6]らが、自身の解釈の上での検討を行っているので、これを補助線とすることができる。

(2) 「永遠真理」・「創造」についての概念史の構築：デカルトの永遠真理創造説は、1644 年のメラン宛書簡まで一貫して保持されると言われるが、その内実のレベルで当説が本当に一貫しているのかということを確かめることが目的である。先行研究の指示する箇所はいずれも短く、当説をそのままの枠組みで検討するには情報量が不足しているため、**真理概念**と**創造概念**とに個別に注目し、両概念がどのような変遷をたどることになるのか精確に追跡調査する。修士論文においては 30 年の書簡と『省察』「第四省察」に限定された検討範囲を、デカルトの著作・書簡の全体にまで拡大する。なお、主として『省察』刊行年の 1641 年までが研究主題となるが、それ以後のものも副次的資料として参照する。*1/ 創造概念について*は、『宇宙論 Le monde』(1632)および『省察』、『哲学原理 Principia philosophiae』(1644)「ビュルマンとの対話 Entretien avec Burman」(1648)などが重要な典拠となる。手引きとして、現在公刊予定のメール[7]の研究を参照する予定である。*2/ (永遠) 真理概念について*は、『規則論 Regulae』(1628)から『省察』、『哲学原理』などに至る変遷をたどっていく必要がある。真理を「確実性 certitudo」として捉えるという点がデカルト哲学において一貫した見解であることはすでにオリーヴォ[8]が指摘しているが、これを道しるべとしつつも、申請者はあくまで**真理と本質との関係**にとくに着目し、その展開を追う。

(3) 『省察』における永遠真理創造説の役割の解明：この解明を通じ、30 年の思索から『省察』まで一貫した、**創造論の根源性**を確証することが目的である。修士論文ではポイントとなる「第六省察」に限定したが、博士課程においては、**『省察』全体を視野に入れた検討**を行う。先行研究は「第一省察」から「第六省察」にいたるまでの幾つか箇所と当説の関連を指摘してきたが、申請者は、これらを十分に視野にいれつつも、とくに主題的には「第三省察」と「第六省察」を検討対象とする。この 2 つの省察はいずれも、「この私 ego」の内的認識から外の世界についての真なる認識へと乗り出していく場面であるため、当説との関連もいっそう深いからである。

Reference.
[1] Nicolas MALEBRANCHE, *De la recherche de la vérité*, 1674. [2] Gottfried Wilhelm LEIBNIZ, *Discours de Métaphysique*, 1686. [3] Robert DESGABETS, *Critique de la Critique de la Recherche de la vérité*, 1675. [4] Pierre-Daniel HUET, *Censura Philosophiae Cartesianae*, 1723. [5] Geneviève RODIS-LEWIS, *Idées et vérités éternelles chez Descartes et ses successeurs*, Paris, Vrin, 1985. [6] Laurence DEVILLAIRS, *Descartes, Leibniz : Les vérités éternelles*, Paris, PUF, 1998. [7] Édouard MEHL, *Descartes et la fabrique du monde* (forthcoming), Paris, PUF, 2019. [8] Gilles OLIVO, *Descartes et l'essence de la vérités*, Paris, PUF, 2005.

(3) 研究の特色・独創的な点

◆**特色と独創的な点**：(1)**永遠真理創造説を真理概念と創造概念とに分節化して調査するアイディア**。従来の研究は、当説の枠組みを狭くとらえすぎており、当説の本来もつ射程を過少に評価してきた。申請者は、当説を真理概念と創造概念とに分節化し、その両面から光を当てることで、**より広くかつ精確に**、デカルト形而上学における当説の形成史を追うことを可能にした。(2)**デカルト的真理についての創造論というアプローチ**。今日でも研究の行き届いていないデカルトの真理論に対し、永遠真理創造説に着目した上で、**創造論を前景化して真理論を探究することで**、「**被造的な事物の本質**」としての真理を見出した。これにより、従来とはことなる真理論の枠組みを構築する。

◆**インパクト**：(1)**『省察』の体系性の復権**。従来、デカルトは創造説を神学の領域に譲り、形而上学の対象としては扱わなかったとされてきた。つまり『省察』は自らの根本原理に信仰を求めるという点で、非体系的な面をもつとされてきた。しかし申請者は、『省察』において一教義としての創造が哲学体系のうちに組みこまれる際のシステムを解明することで、**デカルト形而上学の体系性を擁護する**。これにより、デカルト哲学の体系性についての評価も更新されるだろう。(2)**創造論の哲学史という新視点**。中世神学から近代科学への転換期に位置する17世紀は、世界の創造という教義について合理的/哲学的に説明するための議論が活発であった。特にライプニッツの「**最善世界説**」や、**スピノザによる創造説の否定**などの本義を明らかにするためには、創造についての哲学史的研究が必須である。本研が、しばしば神学に帰される創造論を哲学の問題として再構築することで、これまで主題化されてこなかった17世紀の創造論の哲学史を描くことができる。さらに、**ベルクソンの『創造的進化』**までつながる創造論の系譜に、デカルトを位置づけ直す場も拓かれるだろう。

(4) 年次計画

（申請時点から採用までの準備）

(1)**修士論文執筆**：上記2.「現状での成果と見通し」の通り、博士論文と一貫したプロジェクトのもと、計画的に執筆する。具体的には、30年の永遠真理創造説の内実の検討と、「第六省察」におけるその反響の解明が主題である。以下の研究活動を通じて得た成果を、修士論文としてまとめ2019年12月に提出する。(2)**基本的な資料の収集・解読**：デカルトはもちろんのこと、3.(2)「研究目的・内容」に記載したマルブランシュやライプニッツのテクストの訳読・分析に、すでに着手している。その他、デガべやユエなど基本的な資料の収集を終えており、順を追って読み進める予定である。(3)**研究活動**：修士論文執筆と並行し、2019年6月には学内の研究会での発表を、同年8月には日本哲学会web論集『哲学の門』への投稿を、同年9月ごろには東京大学哲学研究室における学内発表を、それぞれ予定している。

（1年目）

(1)**デカルト内的研究**：1630年の四書簡を発端に、デカルトの著作全体における「永遠真理」概念と「創造」概念との変遷をたどる。のちに言及される永遠真理創造説が、30年のものとどのように重なり、どのように異なるのかを、それぞれの議論の文脈に注意しながら、網羅的に吟味する。(2)**デカルト外的研究**：またまた、デカルトの思索がどのような意味で特徴的だったのかということを明確にするための補助線として、マルブランシュ・ライプニッツによる永遠真理創造説批判を参照する。また、デガべやユエ等マイナー・デカルト主義者のテクストの読解にも着手するが、本格的な分析は2年次以後にもまたいで継続する。(3)**研究活動**：修士論文を基に、2020年7月頃の若手哲学研究者フォーラムにおける研究発表、東京大学哲学研究室編『論集』への掲載、日仏哲学会や日本哲学会での発表、およびその学会誌への掲載などをめざす。

（2年目）

(1)**『省察』の前半部の検討**：前年に得ることになるであろう、永遠真理創造説についての包括的な知見を元手に、『省察』におけるその反映を解明する。主に「第一省察」から「第四省察」までの箇所の検討を2年次に、それ以後を3年次に回す計画である。検討箇所は、すでに先行研究によってしばしば指摘される箇所を選ぶ。(2)**研究活動**：日仏哲学会や日本哲学会での発表、およびその学会誌への掲載をめざす。また、国際学会での発表を予定する。

（３年目）（DC２申請者は記入しないでください。）

(1) **『省察』後半部の検討**：3 年次は、前年に引き続き、『省察』後半部、「第五」・「第六省察」における永遠真理創造説の展開を追いつつ、補助的に『哲学原理』や『方法序説』といった形而上学的著作にも視野を広げるが、あくまで中心的な研究対象は「第六省察」である。(2)**本研究の学問的意義の明確化**：それまでの成果を振り返り、哲学に限らず学問全体における本研究の意義を考察し、そのアピール・ポイントを明確に掴む。これによって、博士号取得後の海外・他分野・社会等、外部への進出に備える。(3)**研究活動**：前年同様、研究発表および学会誌掲載、国際学会での発表をめざす。(4)**博士論文提出と単著での出版**：以上３年間の成果を、博士論文としてまとめた上で提出し、単著での刊行を準備する。

（5）人権の保護及び法令等の遵守への対応

本研究は該当しない。

4. 研究業績

(4)国内学会、シンポジウム等における発表
　　［査読なし］
　　筒井一穂「デカルト形而上学における神名の統一性について：ア・プリオリな実在証明の観点から」
　　　　『東洋大学連続研究会　近世哲学への新視点』東洋大学国際哲学研究センター、東洋大学
　　　　白山キャンパス、2019 年 2 月 23 日。

(6)その他
　　［学内発表・査読なし］
　　筒井一穂「ジャン＝リュック・マリオンのデカルト解釈：自己原因をめぐって」、学内発表、東京大
　　　　学哲学研究室主催、東京大学本郷キャンパス、2018 年 5 月 31 日。
　　筒井一穂「デカルト『省察』の第一証明における神の実体について」、学内発表、東京大学デカルト
　　　　研究会主催、東京大学本郷キャンパス、2018 年 9 月 15 日。

　　［TA］
　　鈴木泉教授「西洋哲学史概説第二部Ⅰ」東京大学文学部、2019 年春夏学期、ティーチング・アシス
　　　　タント担当。

　　［編集補助］
　　モーリス・メルロ＝ポンティ編著『哲学者事典』加賀野井秀一監訳、全四巻、白水社、2017、索引
　　　　部分担当。

5. 研究者を志望する動機，目指す研究者像，自己の長所等

◆**研究者を志望する動機**は、研究者として、新たな解釈や学説を生み出し続けたいと考えるためである。研究から離れた話題ではあるが、申請者は大学2年次までの約10年間、勉学のかたわら音楽活動に打ち込み、同時に映画や演劇・絵画を中心とする芸術活動一般に対する関心を育んだ。これを通じて、常に新たなものを挑戦的に創出することに歓びを見出すと同時に、芸術作品は創作者によってよりもむしろ受け手によって成るということを学び、常に受け手を配慮しつつ創作する態度を会得した。研究活動も芸術活動同様、常に受け手にとって刺激的な研究を発表し続けることができると考え、研究者という職業を志望した。

◆**めざす研究者像**は、常に学界および社会の要請を視野に収めつつ、十分な洞察力と専門知識をもって哲学する研究者である。別の仕方で言えば、一方で、研究の需要をつねに意識しつつ、他方で、真に自由に哲学することを通じて研究においてすぐれた成果を残すことが理想である。この両輪が機能することで、**哲学界における研究の進展**のみならず、**研究環境のさらなる整備**にも寄与すると予想される。というのも環境の整備にとって、哲学研究の意義や重要性を対外的に主張していくことは不可欠だからである。

そこで、おおよそ4つの関係における「外」へ向けた活躍をめざすべきだと考える。(1) **我が国と諸外国との関係**において、外国語での論文執筆や海外での研究発表、研究文献の紹介などを通じて、我が国の充実した哲学研究の蓄積をアピールする。特に日本の研究の海外への発信は、日本語を解する者にしかなしえない仕事である。(2) **大学と日本社会との関係**において、研究書のみならず一般書の刊行、講演、メディアなどを通じて、哲学が社会と不可分であることを伝え続ける。(3) **哲学と他学問分野との関係**において、多分野交流型の研究を通じて、哲学の方法ならびに対象における普遍性を強調し、互いの発展に努める。以上三つの発信の基礎として、(4) **申請者と哲学界の関係**において、申請者の研究成果とその意義とを示し続ける。

◆**申請者自身の長所**として、特に次の3つを挙げる。(1) **高い語学力と読解の精密さ**：申請者は、研究上最低限必要な諸語(英・仏・独・羅・希)を修得しており、その他補助的な諸語(伊・蘭・西・ヘブなど)については順次学習中である。習得語学の数としては飛び抜けてはいないものの、その**習熟度(特に英仏)**に関しては筆すべきものがある。**仏語**の習熟度を上げた経験は、次のようなものである：高校入学時(2014年)からの学習の蓄積：学部3年次(2016年)のジュネーヴでの短期滞在：学部の卒業論文で邦訳のない著作を6冊ほど仏語で熟読したこと：現代仏哲学の専門家からの指導を受け、仏語文献の緻密な読解技術を体得したこと：仏文科の授業に積極的に参加し、フローベールの専門家やマラルメの専門家から邦訳の技法を学び、仏人文学研究者から井伏や川端の作品を和文仏訳する訓練を受け、古典仏文献学の専門家に古仏語文法の手ほどきを受けたこと。**英語**についても、高校生の頃からオーウェルやモームを原語で読解し、英文解釈の技法を体得した。大学入学以後は、キーツやバイロンなどの英詩を翻訳するトレーニングを自主的に行う傍、現代米文学の専門家から和文英訳の基礎を学んだ。学外では、現時点まで計4年ほど、某予備校での英語講師業務を通じ、英語への関心と向上心を絶やさずにいる。(2) **分野・所属を越えた相互刺激を重視する態度**：学部から修士に至るまで、英・仏・独文学や西洋古典学、宗教学や美術史学、心理学や西洋史学などの演習に積極的に参加している。文学部の他にも、法学部や政治経済学部の授業に参加し、見識を広げてきた。所属の外という意味では、東京大学に在籍してからも、早稲田大学や慶應大学、東洋大学等で開催された研究会や、スピノザ協会、ライプニッツ協会、中世哲学会などに積極的に足を運んだ。(3) **成果を伴う創造的能力**：哲学的な思索や読解そのものの重要性を認めつつも、それを研究として成立させることに人一倍こだわりをもち取り組んでいる。上に述べたように、新たな解釈を創出するときは、それが成果として認められて初めて成立すると考え、この意味での創造的能力を育んできた。研究主題の画定にあたっても、自己流で思考することよりも、先行研究を網羅的に概観し、解決が需要されるトピックを選択した。こうすることで、哲学界全体の発展のために、もっとも貢献しうる主題を選び、影響力のある成果を残し続けていくことができると考える。

Sample ⑥ 余越 萌さん（平成26年度 DC1申請，面接審査を経て採用）

研究課題名：神経変性疾患発症に関与するAtaxin-2のRNA代謝における機能解明
審査区分：医歯薬学／基礎医学／病態医化学

2. 現在までの研究状況

【これまでの研究の背景】神経変性疾患は、高齢化社会の到来により今後益々患者数が増加すると考えられ、病態解明と治療法確立が社会的に強く望まれている。その1つである脊髄小脳変性症2型（SCA2）は、小脳および脳幹から脊髄にかけての神経細胞が徐々に変性することで運動失調をもたらす神経難病であり、国の特定疾患に指定されている。その原因は、Ataxin-2遺伝子（*ATXN2*）の蛋白質コード領域中にあるアデニン・シトシン・グアニンの繰り返し配列CAGリピートの異常伸長であり（正常26回以下に対し、SCA2では34回以上）、翻訳されるとポリグルタミン鎖（PolyQ）となる（Sanpei et al., Nat Genet, 1996）（図1）。SCA2の主症状は運動失調であるが、稀にパーキンソニズムが主症状となることもあり、このようなケースでは、臨床的にパーキンソン病と区別できないこともある（Kim et al., Arch Neurol, 2007）。更に最近になって、同鎖の中等度伸長（27-33回）が、運動神経細胞を選択的に冒す筋萎縮性側索硬化症（ALS）と呼ばれる別の神経変性疾患の発症を有意に高めることが明らかとなった（Elden et al., Nature, 2010）

図1. Ataxin-2のPolyQ鎖長と神経変性疾患の関係

（図1）。これらの知見から、Ataxin-2の機能障害は神経変性疾患に共通した発症メカニズムに関与していることが示唆される。

【問題点と解決方策】一般に他のポリグルタミン病では、異常伸長PolyQ鎖を含む核内封入体が認められ、これが神経細胞死を誘導するという意見（gain of function）があるが、SCA2脳では核内封入体はほぼ認められない（Sanpei et al., Nat Genet, 1996）。また、ヒトPolyQ58-Ataxin-2を発現するトランスジェニックマウスは、核内封入体を認めず、本来の局在である細胞質に野生型Ataxin-2と同レベルで発現しているにもかかわらず、小脳症状を呈する（Huynh et al., Nat Genet, 2000）。このため、PolyQ鎖異常伸長によって、Ataxin-2の細胞質内での局在変化や生理的機能低下が生じ（loss of function）、その結果として細胞死が誘導されると考えられる。しかしながら、これまでのところ、PolyQ鎖異常伸長が、神経変性を誘導する具体的なメカニズムは解明されていない。この問題点を解決するには、まずAtaxin-2の生理的機能の詳細な解明が必要不可欠であると考えた。

【研究目的】Ataxin-2には、PolyQ、LSm、LSmADなど機能不明なドメインに加え、PAM2ドメインが同定されている（図2）。PAM2ドメインには、mRNA安定化に関与するポリA鎖結合蛋白質（PABP）が直接結合することから、

図2. Ataxin-2の構造と各ドメイン

Ataxin-2もRNA代謝に関与すると予測されている。しかしながら、どのようなRNA代謝に関与するのか不明である。このため、本研究では、特にRNA代謝制御に着目しながら、Ataxin-2の生理的機能を解明することを目的とし、将来的にポリグルタミン鎖異常伸長による機能破綻が神経細胞変性にどのように関与するのかを明らかにするための基盤情報を確立することを目指した。

【研究方法】
1. Ataxin-2の結合因子を同定するため、Ataxin-2が安定的に発現する細胞株を作製し、そのタンパク質抽出液を用いて免疫沈降を行い、得られた沈降サンプルの質量分析とウエスタンブロット法により解析した。
2. 細胞内に内在するAtaxin-2を標的とした免疫沈降を行い、安定発現細胞株で同定した各因子との結合を確認した。また、既知の結合ドメインを欠損させたAtaxin-2変異体を作製し、免疫沈降サンプルをウエスタンブロット法で解析することにより、各因子との結合必須領域を決定した。
3. Ataxin-2の機能解析を行うため、Ataxin-2を強制的にレポーターmRNAの3'UTR（非翻訳領域；RNA代謝を制御し、安定性を左右する領域）に結合させ、レポーター蛋白質の発現への影響を解析した（Tethering assay）。さらにその後、様々なAtaxin-2変異体を作製し、同様のアッセイにより、機能への影響を解析した。

【特色と独創的な点】本研究は、複数の神経変性疾患の病態に関連する鍵分子Ataxin-2に着目し、その生理的機能を明らかにすることから、神経細胞変性に共通したメカニズムを解明するという特色を持つ。SCA2の原因遺伝子産物としてAtaxin-2は18年前に同定されたが、患者数・研究者数が少なく生理的機能については十分解析されてこなかった。申請者はこのような分子に再注目し、RNA代謝制御という視点から、改めてその生理的機能を掘り下げる本研究構想を着想した。特に、現在はAtaxin-2に直接結合する蛋白質やRNAを網羅的に同定する技術がある程度確立しており、特定の分子や機能にバイアスをかけずに、生理的機能の全体像を把握することができると考えた。このような生理的機能の基盤情報確立から神経変性疾患の病態解明を目指すアプローチ法は極めて独創的だと考える。

（現在までの研究状況の続き）

【研究経過及び研究結果】

1. Ataxin-2 は、複数の RNA 代謝関連因子と結合する（図 3）： Ataxin-2 の安定発現細胞株から、Ataxin-2 複合体を免疫沈降し、結合因子を解析した。その結果、ポリ A 鎖結合蛋白質 PABPC1 に加え、RNA ヘリカーゼ DDX6、更には RNA 代謝に関連する LSm 蛋白質ファミリーの 1 種である LSm12 を新規に同定した。次に、HEK293 細胞およびヒト神経系 SH-SY5Y 細胞を用いて、内在する Ataxin-2 に対する免疫沈降を行なったところ、これら 3 因子との結合が確認された。いずれの因子も RNA 代謝制御に関与する蛋白質であることから、Ataxin-2 がこれら因子と相互作用することにより、RNA 代謝において何らかの機能を果たしていることが考察された。

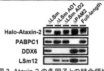

図 3. Ataxin-2 の各因子との結合領域

2. Ataxin-2 は、各因子と固有のドメインを介して結合する（図 3）： Ataxin-2 の既知のドメインである PolyQ、LSm、LSmAD、PAM2 の 4 つのドメイン（図 2）の欠損変異体を HEK293 細胞に発現させ、複合体に各因子が結合しているかどうかをウエスタンブロット法で解析した。その結果、PABPC1 は PAM2、DDX6 は LSmAD、LSm12 は LSm ドメインが結合必須領域であることを決定した。このうち、PAM2 ドメインについては、PABPC1 との結合領域であることが知られていたが（Ralser et al., J Mol Biol, 2005）、DDX6 と LSm12 に関しては、本研究で初めて結合領域を同定した。また、一般に LSm ドメインを持つ蛋白質は、他の LSm 蛋白質と複合体を形成することが知られているが（Khusial et al., Trends Biochem Sci, 2005）、今回 Ataxin-2 のパートナーが LSm12 であることを初めて同定することができた。

3. Ataxin-2 は、蛋白質の発現を促進する機能を持つ（図 4）： Ataxin-2 などを強制的にレポーター mRNA の 3'UTR に結合させ、レポーター蛋白質の発現への影響を解析した。対照と比較すると、翻訳抑制機能を持つことが知られている TNRC6A の強制発現は、有意に蛋白質発現を抑制したのに対し、Ataxin-2 は 3-4 倍亢進した。さらにその後、様々な Ataxin-2 変異体を

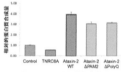

図4. Ataxin-2による蛋白質発現促進効果

作製し、機能への影響を解析した結果、PAM2 と PolyQ ドメインの欠損変異体で蛋白質発現促進機能が有意に低下した。この結果から、PAPBC1 との結合に加え、PolyQ ドメインに重要な機能がある可能性が示唆された。

3. これからの研究計画

（1）研究の背景

申請者はこれまでに、Ataxin-2 が特定の領域を介して、RNA 代謝に関連する因子と直接結合すること、mRNA の 3'UTR に強制結合させると、蛋白質の発現を促進する機能を発揮することを明らかにした。これらの得られた知見をもとに検討し、今後解決すべき問題点が 3 つあると考え、これを解明する下記の研究内容を着想した。

1. Ataxin-2 は、直接 RNA に結合できるのか、或いは直接結合するのか？また、直接結合する場合には、どのようなドメインを介してどのようなモチーフを認識するのか？
Ataxin-2 は明確な RNA 結合ドメインを持たないため、これまでそれ自体の RNA 結合能については十分解析されてこなかった。しかしながら、Ataxin-2 には LSm ドメインが存在し（図 2）、他の LSm 蛋白質ファミリーは、LSm ドメインやその周辺の配列を介して RNA と直接結合することが知られている（Khusial et al., Trends Biol Sci, 2005）。更に Ataxin-2 が RNA に直接結合する可能性も示唆されている（Nonhoff et al., MBC, 2007）。このため、今後 Ataxin-2 が直接 RNA に結合するかどうかを解析し、結合する場合にはどのような RNA モチーフと結合するのか、その認識機構を詳細に明らかにする。

2. Ataxin-2 はどのような機構を介して、蛋白質の発現を促進するのか？
一般に蛋白質の発現促進は、2 つの機構により制御されていると考えられている。1 つは、mRNA の分解を防ぎ、より安定にする機構である。これには、ポリ A 鎖の長さが密接に関わっており、ポリ A 鎖が長いほど mRNA は安定で寿命が長く翻訳効率が高い。通常ポリ A 鎖には PABPC1 が結合しており、更に PABPC1 に直接 Ataxin-2 が結合していることから、Ataxin-2 が mRNA の安定性増大に寄与している可能性は十分考えられる。もう 1 つの機構は、蛋白質合成を担うリボソームへのリクルート効率を高めることによって翻訳を促すものである。これまでの先行研究で、ハエの Ataxin-2 ホモログがリボソームを翻訳の場にリクルートする可能性が示唆されている（Satterfield TF et al., Hum Mol Genet, 2006）。現時点では Ataxin-2 が、どちらの（または両方の）機構を介して蛋白質の発現を促進するのか不明であることから、その詳細なメカニズムを明らかにする。

3. ポリグルタミン鎖異常伸長は、Ataxin-2 の生理的機能にどのような影響を及ぼすのか？
現在、PolyQ の伸長が神経変性を誘導する機構は不明であるが、Ataxin-2 の機能喪失が関与していると考えられている（Huynh et al., Nat Genet, 2000）。これまでその実態に迫る手法がなかったが、本研究により Ataxin-2 の生理的機能を明らかにできれば、PolyQ 鎖伸長が与える効果も解析できると考えた。このため、PolyQ 鎖伸長が、RNA 結合能や蛋白質合成促進にどのような影響を及ぼすのか、明らかにする。

（2）研究目的・内容

【研究目的】Ataxin-2 のターゲット mRNA 認識メカニズムと、蛋白質発現を促進する細胞内メカニズムを詳細に解析することによって、Ataxin-2 の生理的機能の全容を明らかにすること。更にポリグルタミン鎖伸長が、同定された生理的機能に及ぼす影響を培養細胞レベルで明らかにし、将来的にモデル動物など個体レベルで神経変性誘導メカニズムを解明するための基盤情報を確立すること。

【研究方法と研究内容】

1. Ataxin-2 のターゲット mRNA 認識機構の解明と機能解析：Ataxin-2 に直接 RNA に結合する能力があるかどうかを解析するため、Ataxin-2-RNA 複合体を免疫沈降にて回収する。すでに樹立済みの Ataxin-2 安定発現細胞株を材料にして、複合体を PAR-CLIP（Photoactivatable-Ribonucleoside-enhanced Crosslinking and Immunoprecipitation; Hafner et al., Cell, 2010）法を用いて回収する（図 5）。本手法は、従来のシンプルな免疫沈降と比較し、RNA との結合効率が高く、非特異的結合 RNA を除外できることから、1 塩基レベルで結合部位を特定できる利点がある。申請者の所属する研究室では、日常的に本手法を用いた解析を行っていることから、特に困難なく実施できる状態にある。RI で RNA 断片をラベルした後、複合体を電気泳動し、Ataxin-2 に直接結合する RNA が検出されれば、そのまま抽出し、cDNA ライブラリーを作成する（図 5）。作成した cDNA ライブラリーに対して、次世代シーケンサーを用いた網羅的なシーケンス解析を行い、情報解析を通して Ataxin-2 のターゲット mRNA、結合部位、結合モチーフなどを決定する。その後、情報解析で得られた結果を分子生物学的の実験により検証する。具体的には、最初にゲルシフト結合アッセイにより、Ataxin-2 と結合モチーフを含む RNA との結合を確認する。更に、同様のアッセイを、Ataxin-2 変異体を用いて行い、LSm ドメインなど RNA 結合に必須の領域を特定する。最後に、Ataxin-2 をノックダウンしたり、過剰発現することで、ターゲット mRNA の安定性や、蛋白質発現量が変動するかどうか検証する。

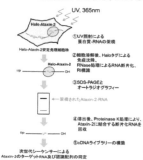

図5. PAR-CLIP法を用いたAtaxin-2のターゲットRNA同定法

2. mRNA ポリ A 鎖長制御を介した Ataxin-2 による mRNA 安定化機構の解明：Ataxin-2 が、PABPC1 との直接結合を介してポリ A 鎖を保護し、mRNA の安定化に寄与しているかどうかを解析する。具体的には、レポーター mRNA の 3'UTR に Ataxin-2 結合モチーフを挿入し、細胞内に発現させる。経時的に細胞から RNA を回収し、レポーター mRNA のポリ A 鎖長を、ノザンブロット法を用いて定量する。これらの解析を通して、結合モチーフがない場合と比較して、有意にポリ A 鎖長が長い時間維持されるかどうか解析する。また、Ataxin-2 の RNA 結合能を失った欠損変異体では、結合モチーフがあっても同様の効果が認められないことを確認する。

3. Ataxin-2 のリボソームとの相互作用による翻訳効率促進機構の解析：Ataxin-2 安定発現細胞株由来の細胞抽出液を、ショ糖密度勾配遠心法により、リボソームの重合（ポリソーム）度に応じた分画を行う（Satterfield TF et al., Hum Mol Genet, 2006）。各分画を用いてウエスタンブロット解析を行い、Ataxin-2 がポリソームと同じ分画にいるかどうかを検討する。また、各分画から RNA を抽出し、定量 RT-PCR 法を用いて、Ataxin-2 のターゲット mRNA がポリソーム分画により多く含まれているかどうか解析する。さらに、Ataxin-2 の様々な変異体を用いて同様の実験を行い、どのドメインがリボソームとの相互作用に重要であるのか詳細に解析する。

4. PolyQ 鎖の異常伸長が Ataxin-2 の生理的機能に与える影響の解析：これまでの解析から、Ataxin-2 による蛋白質発現を促進する効果には、PAM2 ドメインに加え、PolyQ ドメインが重要であることが示唆されている。したがって、PolyQ 鎖が異常伸長した場合にも、本機能に何らかの影響を及ぼすことが予想される。このため、ALS で認められる中等度伸長変異体（Q31）、SCA2 で認められる異常伸長変異体（Q39）を、人工遺伝子合成法によって作成する。次に、これら変異体を用いて PAR-CLIP 法を実施し、ポリグルタミン鎖伸長が RNA 結合にどのような影響を及ぼすのかを網羅的解析を通して明らかにする。また、蛋白質発現についても、前述の Tethering assay を行い、PolyQ 鎖の伸長度に応じて、促進効果に変化が認められるかどうかを解析する。

以上のような 4 つの解析を通して、Ataxin-2 の生理的機能と PolyQ 鎖伸長が及ぼす影響について明らかにする。

(3) 研究の特色・独創的な点

【本研究の特色・着眼点・独創的な点】
これまでの先行研究は、主に Ataxin-2 のポリグルタミン鎖伸長と神経変性に焦点を当てたものが多く、生理的機能の理解は進んでこなかった。これは、ハンチントン病など一般的なポリグルタミン病では Gain of function 仮説が有力であるためである。しかしながら、Ataxin-2 のポリグルタミン鎖は比較的短く、患者での伸長度合いもそれほど長くない。このため、凝集体を形成することも少なく、ポリグルタミン鎖異常伸長型 Ataxin-2 は、本来の局在に野生型と同程度に発現している（Sanpei et al., Nat Genet, 1996）。このため、本研究では、Ataxin-2 の機能喪失が神経変性の鍵を握っていると考え、まず生理的機能の全容を解明することが先決だと着想した点が独創的だと考える。これには、特定のカスケードや因子にバイアスをかけないことが重要であり、本研究では、結合する蛋白質と RNA の網羅的同定から、生理的機能の実証にアプローチをする特色を持つ。

【当該研究の位置づけ・意義】
Ataxin-2 と mRNA ポリ A 鎖結合蛋白質 PABPC1 との直接結合は、酵母からヒトまで保存されており、Ataxin-2 は RNA 代謝に関与すると考えられてきたが、具体的な意義は不明であった。本研究ではこれまでに、Ataxin-2 が蛋白質合成を促進する機能を持つことを見出している。このため、どのような RNA 代謝経路やその後の翻訳機構との相互作用を介して合成を促すのか、その詳細なメカニズムを解明できれば、神経変性過程の解明に繋がるだけでなく、RNA 制御機構の理解にも高く貢献できると考える。

【本研究が完成したとき予想されるインパクトおよび将来の見通し】
近年、RNA の安定性や翻訳制御については、マイクロ RNA を核とした研究が進んでいる。しかしながら、本研究により Ataxin-2 が果たす RNA 制御の役割が解明できれば、蛋白質とマイクロ RNA 間での相互作用の理解など、RNA 代謝機構全体の研究の発展に大いに貢献できると考える。また、Ataxin-2 の生理的機能やポルグルタミン鎖異常伸長の意義が培養細胞レベルで解明できれば、将来的にモデル動物などを用いた神経変性疾患の発病メカニズムの解明に向けて、大きな手がかりを提供できると考える。

(4) 年次計画

（1年目）

1. すでに樹立済みの Ataxin-2 安定発現細胞株を材料にして、PAR-CLIP 法を行い、次世代シーケンサーにかけるサンプル cDNA を作製する。
2. 次世代シーケンサーによる網羅的シーケンスと、その後のバイオインフォマティクス解析により、Ataxin-2 のターゲット RNA 及び認識配列を決定する。
3. バイオインフォマティクス解析により導き出された Ataxin-2 の認識配列を含むオリゴ RNA と Ataxin-2 との結合能をゲルシフトアッセイを用いて確認する。
4. バイオインフォマティクス解析により導き出された Ataxin-2 のターゲット mRNA から翻訳される内在蛋白質が、Ataxin-2 を過剰発現させることで、合成量が増加するかどうかをウエスタンブロット法で確認する。
5. Ataxin-2 の siRNA によるノックダウン細胞と過剰発現細胞から total RNA を回収し、マイクロアレイ解析により、Ataxin-2 のターゲット mRNA の発現量が変動するかどうかを解析する。

（2年目）

6. Ataxin-2 認識配列を 3'UTR に挿入したレポーター mRNA を用いて、Tethering assay による機能解析を行い、Ataxin-2 によるレポーター蛋白質合成量への影響を解析する。
7. Ataxin-2 認識配列を 3'UTR に挿入したレポーター mRNA を用いて、ポリ A 鎖長に与える影響についてをノザンブロット法により解析する。経時的に RNA を回収し、Ataxin-2 認識配列がある場合には、よりポリ A 鎖長が長く維持されるかどうかを比較検討する。さらに、様々な Ataxin-2 変異体でも同様のアッセイを行い、どのドメインがポリ A 鎖長維持に重要であるかを決定する。
8. Ataxin-2 がリボソームをリクルートし、翻訳を促進するかどうかを、ポリソーム解析により検討する。更に、重合度に応じて分画した各フラクションから RNA を抽出し、定量 RT-PCR 法によって、ポリソーム分画に Ataxin-2 のターゲット mRNA がより多く含まれているかどうか解析する。さらに、Ataxin-2 の様々な変異体を用いて同様の実験を行い、どのドメインがリボソームとの相互作用に重要であるのか解析する。

（3年目）（DC 2 申請者は記入しないでください。）

9. Ataxin-2 の Q31、Q39 変異体を、人工遺伝子合成法によって作製する。次に、これら変異体を用いて PAR-CLIP 法を実施し、ポリグルタミン鎖伸長が RNA 結合にどのような影響を及ぼすのかを網羅的解析を通して明らかにする。また、蛋白質発現についても、前述の Tethering assay を行い、促進効果に変化が認められるかどうかを解析する。

(5) 人権の保護及び法令等の遵守への対応

本研究計画では、組換え DNA 実験を行う予定であるが、本提案研究に係る計画書は、すでに大阪大学遺伝子組換え実験安全委員会から承認を得ており、適切に実施できる体制にある。また、ラジオアイソトープ（RI）を用いた実験を予定しており、この計画書もすでに同放射線安全委員会へ提出し、承認を得ている。

4. 研究業績

(1) 学術雑誌等（紀要・論文集等も含む）に発表した論文、著書

該当なし

(2) 学術雑誌等又は商業誌における解説、総説

余越 萌, 河原行郎
生命分子を統合する RNA—その秘められた役割と制御機構
「microRNA の修飾とその機能—RNA 編集, メチル化, アデニル化, ウリジル化—」
実験医学, 編集 塩見春彦 他, 羊土社, 第 31 巻, 第 7 号（増刊）, 160-167, 2013

(3) 国際会議における発表

該当なし

(4) 国内学会・シンポジウム等における発表

〇余越 萌, 李全, 岡田ひとみ, 河原行郎（口頭発表, 査読なし）
「遺伝性脊髄小脳変性症 2 型の原因タンパク質 Ataxin-2 の生理的役割の解明」
RNA フロンティアミーティング 2012, 熊本, 2012 年 9 月

〇Moe Yokoshi, Quan Li, Hitomi Okada, Yukio Kawahara（ポスター発表, 査読なし）
「Elucidation of the physiological role of the spinocerebellar ataxia type 2-linked protein Ataxin-2」
第 35 回日本分子生物学会年会, 1P-0573, 福岡, 2012 年 12 月

(5) 特許等

該当なし

(6) その他

該当なし

5. 自己評価

私が研究職を志望する動機は2つあります。1つは将来、研究を通して日本を活気づけたいと切望しているからです。スポーツ同様、科学のビッグニュースも多くの方々を笑顔にさせることが出来ると考えています。実際に、昨年、山中伸弥教授がノーベル賞を受賞した際、日本全体が明るくなり、私も同じ日本人であることに誇りを感じました。また、友人・知人と、自分たちも後に続けるよう努力しようとお互いに励まし合ったことも覚えています。このように、社会を勇気づけられる成果を生み出していくことが、研究をしていく上での動機付けとなっています。もう1つは、大学の学部時代の所属学科に女性の先生が1人もいなかったことに大きな違和感を感じたことにあります。大学では、世界の最先端の研究を行なう教授の熱烈に専門的な講義をする姿に触発され、私も女性の研究者として後に続きたいと切望するようになりました。今後、日本で一層女性の研究者が活躍するには、そのロールモデルが必要だと感じています。自分がそのようなモデルになれるように、邁進していきたいと考えています。

【目指す研究者像】

私は医者ではないため、実際に患者さんを診察する機会はありませんが、常に病に苦しんでいる患者さんの痛みや苦しみに寄り添える想像力をもった研究者になりたいと考えています。特に、現在研究テーマで扱っている脊髄小脳変性症で苦しむ患者さんを一日でも早く解放できるようにすることが目下の目標です。そのためには、研究をできるだけ効率的に行うことが重要だと考えます。結果的に研究成果をより早く世界に発信することができ、そしてより早く患者さんを救うことができると考えます。これには、実験の作業効率だけでなく、研究費を最適に使うことも大切ですので、常にそのバランスを考えながら実験を行っています。さらに最近は、共同研究も盛んに行われており、研究は自分1人では決して完遂できず、異分野の研究者と協調し、研究領域を融合していくことが今後の研究の発展促進に必要であると身を持って感じています。今後も一層、より大きな視野を持ち、自分の研究成果を、早く患者さんを病から解放することへと繋げられるように努力していきたいと考えています。

【自己の長所】

私の長所は、常に前向きで、いつでも積極的に人の輪に入り、興味をもったものには躊躇せずに参加する姿勢を持っていることです。研究者になるためには、知識の吸収だけではなく、「人」とのつながりを大切にし、自分やその研究成果を発信していく能力が大事だと考えています。現在、「生化学若い研究者の会」に所属しており、定期的に行われるセミナーには必ず参加しています。また、その中でも私はキュベット委員会としての活動を積極的に行っており、雑誌「実験医学」（羊土社）のオピニオンのコーナーに定期的に掲載されるコラムの執筆や添削を担当しています。今年度は、「研究者への道は1通りではない」というテーマで自ら執筆も予定しています。また、学会においても、自分の研究成果を発信し、最新の研究発表を吸収するのはもちろんですが、様々な研究者との交流の機会も大切にしています。私と同じ年代の院生の方、少し上の世代のポスドクや助教の方、そして普段はなかなか話せない教授の先生方とも「人」として研究の話や人生設計の話などをする時間は、自らの今後の研究生活を考える上で欠かせない要素となっています。そして学会終了後には、更に研究を頑張ろうと意気込むのが常となっています。

文部科学省によるスーパーサイエンティスト育成プログラムに参加：私は大学の学部時代に、文部科学省の委託授業であるスーパーサイエンティスト育成プログラムに参加しました。本プログラムは、通常のカリキュラムとは別に、企業の研究者の特別講義やアドバンス実験、科学英語の授業を経験し、さらに学部3年次からはプレ配属という形で他の人よりも早くラボでの研究生活を行いました。これらの貴重な経験は、将来の研究者としてのモチベーションにつながったとても有意義なものとなりました。

教育サポーター Educational Supporter（ES）を担任：大学3年次に成績優秀者のみが大学から採用される教育サポーターを担任し、研修を受けた後、学内の学習相談室にて大学1年生に化学を教える役割を担いました。最近、科学に面白さを感じることができない、科学の授業についていけないなどの理由で、退学を選択してしまう学生が増えている現状を聞き、積極的にこの仕事に応募しました。質問に来た学生と、私の持っているアイディアや知識を交えてディスカッションを深めることで、学生に科学の醍醐味を味わってもらえるように努めました。その後、「科学に興味が持てるようになってきた」と言われたときは、とても嬉しくやりがいを感じることができました。

Sample ⑦　寺田愛花さん（平成25年度DC2申請，書面審査で採用）

研究課題名：組合せで働く転写因子発見を可能にする多重検定補正法の開発
審査区分：工学／情報学／生体生命情報学

2. 現在までの研究状況

研究背景・目的など: 細胞の状態制御には複数の転写因子の組合せが重要である。最たる例として、細胞の iPS 化に4個の転写因子（山中ファクター）が必要なことが挙げられる[1]。本研究はこのように、単一の転写因子ではなく、複数の転写因子が組合さる事で初めて起こる現象の発見を目指す。

しかし、この様な現象は組合せ発見における次の2つの問題点から発見が困難だった。

問題1: 膨大な計算時間 転写因子の数に対して組合せの総数が指数関数的に増加するため（図1）、実験科学的に網羅的な調査が不可能なだけでなく、計算機でさえも膨大な計算時間を要する。

問題2: 多重検定補正の低い検出力 各転写因子と目的の現象（例えば細胞の iPS 化や遺伝子の発現上昇）の関連を調べる際、転写因子毎に検定が行われる（詳細は後述）。この時、高確率で偽陽性が生じる。例えば、偽陽性発生確率が5%の検定を100回行うと、検出結果には 1-(1-0.05)[100]=99%以上という高確率で偽陽性が含まれる。これを避けるため、Bonferroni 補正に代表される多重検定補正[2-4]が行われる。ところが、これらは検定数が多いと補正が過剰になり、検出力が低く有意な組合せが発見できない[5]。

現在までに、この2つの問題を同時に解決する方法はないため、本研究では新規手法を開発する。問題1には頻出パターン解析[6]の応用をし、問題2には Bonferroni 補正の検出力を改善する。更にこれらを組合せることで、統計的に有意に働く転写因子の組合せを列挙する手法を開発する。本手法が完成すると、疾患リスクと一塩基多型の組合せなど、転写因子以外でも組合せで働く現象の検出に発展できる。

研究経過: 図2(A)は、本研究で対象とするデータの模式図である。8個の遺伝子 a-h について、4種類の転写因子結合部位の有無と RNA-seq 等で観測した遺伝子発現量を示している。遺伝子 b の上流には転写因子1,2が結合し、比較的高い発現を示している（発現量を色で表し、高いほど赤く、低いほど青い）。この観測データから、どの転写因子が発現変化に関与しているか考える。転写因子1の結合部位をもつ4個の遺伝子に着目しても、4個の遺伝子発現量に有意な変化はみられない（図2(B)）。同様に転写因子2に着目しても有意な変化はない（図2(C)）。しかし、転写因子1と2の両方の結合部位に着目すると、いずれの遺伝子も発現が高い（図2(D)）。この様に、単独の転写因子では有意な傾向は無くとも、複数組合せる事で有意に働く可能性がある。この様な組合せで働く転写因子を考慮すると、調査する数が組合せ爆発を起こす。このため、実験科学的には網羅することが難しく、細胞の iPS 化に見られる様な有意な組合せを発見できていないと考えた。そこで、申請者は計算機を用いて有意な組合せを発見する価値があると考え、予備実験を行った所、2つの問題点が浮かび上がった。

組合せ数					総数
1	○	△	■	...	100
2	○△	○■	□■	...	5,050
3	○△□	△□■	○□■	...	166,750
⋮					
100					2^{100}-1

○△□■ : 転写因子結合部位　　総数 2^{100}-1

図1: 100個の転写因子で考え得る組合せの数 転写因子数に対して組合せの数は指数関数的に増加し、総数は 2^{100}-1 ≈10^{30} である。全通りの組合せに対して有意水準5%で検定する場合、Bonferroni 補正では p-value < 3.94×10^{-32} を満たす非常に小さな値の組合せしか選べず、これで有意な組合せを見つけることができなかった。

図2: 組合せで発現制御する転写因子の例
(A)転写因子の結合部位と遺伝子発現の観測 (B)転写因子1の結合部位を持つ遺伝子とその発現量 (C)転写因子2の結合部位を持つ遺伝子とその発現量 (D)転写因子1と2両方の結合部位を持つ遺伝子とその発現量
転写因子単体の結合部位の有無に着目した(B)や(C)では、発現に有意な変化は見られない。一方、2つの転写因子両方の結合部位を持つ遺伝子に着目した(D)では、どちらの遺伝子も高発現である。

（1）計算時間が膨大： 組合せの総数は転写因子の数に対して指数関数的に増加し、網羅的な検定には膨大な計算時間が必要である。予備実験の結果から推測すると、<u>東京工業大学のTSUBAME を用いても、全通りの組合せ解析には数十年を要する可能性があった</u>。この考察から、力任せの手法ではなく、解析する組合せを減らす何らかの手法を導入すべきだと判明した。

（2）Bonferroni 補正の検出力の低さ： 発現変化に有意に関わる転写因子の組合せを検出するため、Mann-Whitney 検定を用い、転写因子 3 つまでの全組合せを調査した。[7]と[8]の転写因子結合部位のデータを利用し、酵母の 22 種類の環境下における発現量[9]、ヒトの 84 種類の組織と 93 種類のがん培養細胞における発現量[10]など、<u>多様な遺伝子発現情報に対し計算を行なったが、Bonferroni 補正では有意な組合せは 1 つも検出できなかった</u>。この原因として、Bonferroni 補正では偽陽性の生起確率の上界を非常に緩く設定する・検定間が完全に独立なことを仮定するなど、非常に保守的な補正が行われている点が挙げられ、これらの点を解決すべきだと考えた。Bonferroni 補正には Holm[3]や Shaffer[4]の改善があるが、いずれも計算時間を考慮せず、直接的に有意な組合せ発見に利用可能では無かった。

　本研究では、<u>計算時間と Bonferroni 補正の両方の問題を考慮した新規手法を開発し、組合せで発現に関わる転写因子の発見を目指す</u>。

[1] K. Okita *et al.*, *Nature*, vol. 448, no. 7151, pp. 313-7, 2007.
[2] C. E. Bonferroni, *Pubblicazioni del R Istituto Superiore I Scienze Economiche e Commerciali di Firenze*, vol. 8, pp. 3-62, 1936.
[3] S. Holm, *Scand. J. Stat.*, vol. 6, pp. 65-70, 1979.
[4] J. P. Shaffer, *J. Am. Stat. Assoc.*, vol. 81, pp. 826-831, 1986
[5] T. V. Perneger, *BMJ*, vol. 316, no. 7139, pp. 1236-1238, 1998

[6] T. Uno *et al.*, *In Proc. IEEE ICDM '03 Workshop FIMI '03*, 2003
[7] C. T. Harbison *et al.*, *Nature*, vol. 431, no. 7004, pp. 99-104, 2004
[8] X. Xie *et al.*, *Nature*, vol. 431, no. 7031, pp. 338-345, 2005
[9] A. P. Gasch *et al.*, *Nature*, vol. 11, no. 12, pp. 4241-4257, 2000
[10] C. Wu *et al.*, *Genome Biol.*, vol. 10, R130, 2009

3．これからの研究計画

（1）研究の背景

　本研究の着想の経緯は、申請者がネットワーク比較手法[1,2]（情報処理学会バイオ情報学研究会の学生奨励賞受賞）を開発したことである。当初はタンパク質相互作用ネットワークを比較していたが、開発した手法は対象に寄らない、一般的な手法であった。このため、転写因子と遺伝子発現の網羅的な因果関係を表す転写制御ネットワークへの適用を考えた。この時、協調して働く複数の転写因子の発見が難しいことに気づき、この問題に興味を持った。

　組合せの総数は、転写因子の個数に応じて指数関数的に増加する。例えば、ヒトの転写因子 1,048 個 [1)]では、組合せの総数も 10^{315} 以上である。この膨大な組合せを生物学的な実験でつぶさに調べることは難しい。このため、網羅的な解析が得意な計算機の解析が考えられるが、たとえ全通りの組合せを解析できたとしても、統計的に有意な組合せの列挙には偽陽性の問題がある。これを回避するために多重検定補正がされ、Bonferroni 補正[3]がよく用いられている。しかし、Bonferroni 補正は偽陽性を非常に強く抑える保守的な補正方法であり、実験的に知られている有意な組合せも見つからない。

　現在までに、理論・計算機による解析の両面から、これが真であることを確認した。また、組合せ爆発による計算時間の問題も確認しており、高速な計算機でも全通りの組合せの解析はできなかった。このため、<u>Bonferroni 補正の改良と組合せの探索を効率化する新たな手法の開発に着手している</u>。本手法が完成すると、新しい転写因子の組合せ発見が期待できるだけでなく、多重検定補正の一般的な手法としても理論・応用の両面からインパクトがある。

[1] A. Terada and J. Sese, *BICoB-2012*, 2012
[2] 寺田愛花、瀬々潤, 情報処理学会 第 24 回バイオ情報学研究会
[3] C. E. Bonferroni, *Pubblicazioni del R Istituto Superiore I Scienze Economiche e Commerciali di Firenze*, vol. 8, pp. 3-62, 1936.
[1)] TRANSFAC 登録数（2012 年 5 月）

(2) 研究目的・内容

研究目的: 本研究の目的は、有意に働く転写因子の組合せを列挙する手法の開発である。本手法を応用することで、実験科学的には見逃されていた、協調して発現を制御している転写因子の発見が期待できる。また、開発する手法の拡張により、遺伝子座間のエピスタシスなどの転写因子以外でも組合せで起こる現象の発見に道を開く。

研究方法: 本研究で解決すべき問題点と解決指針を図3に示す。本研究では膨大な計算時間と多重検定補正の低い検出力の2つを解決する手法を開発する。

(1) 頻出パターン解析の応用による計算時間の削減

計算時間を削減するため、組合せ列挙に特化した頻出パターン解析の応用を考える。頻出パターン解析では対象の評価関数が単調でないといけないが、後述する考察から、頻出パターン解析に利用可能な単調な関数を導出できると考えている。関数の導出が困難だった場合は、$\alpha\beta$法のようなヒューリスティックな探索方法を考える。

(2) 多重検定補正の改良による偽陽性の調節

多重検定補正の検出力の改善では、偽陽性を生まない検定は補正の考慮にいれる必要はない、という考察を利用する。例えば、図4において、結合部位を持つ遺伝子が1個しかない転写因子4が取り得るp-valueを考える(図4(B))。Mann-Whitney検定では、遺伝子dの発現が図4(B1)のように非常に高発現のときp-valueは低く、一方で図4(B2)のように高くも低くもないときp-valueは大きい。実際に片側検定をすると p-value が(B1)では0.25、(B2)では1.0であり、これらが p-value の最小値と最大値である。有意水準を0.05とすると、最小値0.25 > 有意水準0.05より p-value の最小値が有意水準より大きいため、転写因子4は有意にならず、偽陽性を生むことは無い。よって、補正の考慮に入れる必要はないと考えられる。同様に、結合部位を持つ遺伝子数が4個の転写因子1(図4(C))が取り得る p-value を考える。p-value の最小値は、4個の遺伝子全てが非常に高い発現のときであり、その値は0.029である。有意水準0.05とすると、0.029 < 0.05 より有意になる可能性を秘めており、偽陽性を起こしうる。この事実から、転写因子(の組合せ)の結合部位を持つ遺伝子数に着目すると、取りうる p-value に下限が存在し、その値を偽陽性の有無に利用できると考えられる。また、p-value の下限が遺伝子数に対して単調減少の関数の可能性が高いので、(1)の頻出パターンで必要な評価関数へ適応できる可能性が高い。

研究計画・内容: 本研究は次の4段階で進める。(A)有意な組合せを列挙する手法の開発 (B)解析データの収集 (C)結果の検証 (D)結果のデータベース化。(詳細は(4)年次計画 で述べる。)

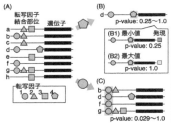

図3: 有意な組合せ列挙における2つの問題点と解決方針 転写因子は組合せで働くものがあるが、組合せ爆発からその発見は困難である。本研究では、有意な組合せを網羅的に列挙する手法を開発し、これまで見逃されていた組合せで働く転写因子を発見する。

図4: 組合せ検出手法の概念図 (A)転写因子の結合サイトの有無 (B)転写因子4の結合部位を持つ1遺伝子と取り得る p-value の範囲 (C)転写因子1の結合部位を持つ4遺伝子と取り得る p-value の範囲
観測されている遺伝子発現に関係なく、転写因子(の組合せ)が取り得る p-value には最小値が存在することが考えられる。有意水準を0.05とすると、(B)では p-value の最小値が有意水準を上回るため有意にならない。これらは偽陽性を生むことが無いため、多重検定補正の考慮に入れる必要は無いと考えられる。

(3) 研究の特色・独創的な点

先行研究との比較: Bonferroni 補正には、Holm 法[1]や Tarone の改良[2]など、様々な改良手法がある。しかし、これらの手法の補正時間は検定数に依存するため、検定数が膨大な組合せの検出に直接応用できない。本研究では頻出パターンを導入することで、高速で検出力の高い多重検定補正法を開発する。その結果、有意な組合せの全列挙が可能となる。

関連研究と意義: 発現に有意な転写因子 2 個の組合せの検出を目的とした手法がこれまでに提案されている[3]が、これは 3 個以上の組合せ検出に応用できない。一方で、生命科学では 3 個以上の組合せも重要であり、例えば、細胞の iPS 化には 4 個の転写因子の組合せが必要である。本研究で開発する手法は、組合せの数によらず、全通りの組合せから有意なものを全て列挙することを目的としているため、3 個以上の組合せも検出できる。

インパクト: 本研究では転写因子をターゲットとしているが、組合せが重要なのは転写因子だけではない。例えば、遺伝子の一塩基多型（SNPs）の複数箇所の組合せが、HIV ウイルスの薬物耐性に関与していることが知られている[4]。本研究で開発する手法は統計手法であるため、転写因子以外の組合せ解析にも応用でき、生命科学・医学・薬学など、幅広い分野への貢献が見込まれる。

[1] S. Holm, *Scand. J. Stat.*, vol. 6, pp. 65-70, 1979.
[2] R. E. Tarone, *Biometrics*, vol. 46, no. 2, pp. 515-522, 1990
[3] Y. Shiraishi *et al.*, *Bioinformatics*, vol. 27, no. 17, pp. 2399-2450, 2011
[4] J. Zhang *et al.*, *Proc. Natl. Acad. Sci. U.S.A.* vol. 107, no. 4, pp. 1321-1326, 2010

(4) 年次計画

（1 年目）

(A) 有意な組合せを列挙する手法の開発: 高速な多重検定補正手法の開発に向け、まずは頻出パターン解析の応用と、結合部位を持つ遺伝子数に着目した手法を開発する。これを理論的に検証し、問題がなければ実装する。他にも、$\alpha\beta$ 法や組合せの数など、他の高速化方法を検討し、その中から最適なものを選択する。

(B) 解析データの収集: まずは、MSigDB[1)]に蓄積されている転写因子の結合部位と、BioGPS[2)]のヒトおよびマウスの多彩な組織・がん細胞における発現量データを解析する。他にも、UCSC Genome Bioinformatics[3)]の転写因子結合部位や、Gene Expression Omnibus (GEO)[4)]など、データベースを逐一調査し、利用可能なデータを収集する。

（2 年目）

(C) 結果の検証: 検出した転写因子の組合せを既存知識や Chip-seq の結果と比較し、正しいことを確認する。例えば、転写因子の機能の共通性や、既知の協調関係の有無などである。結果の確信度が高ければ、実験系を持つ研究者に検証実験を依頼する。

　良好な組合せが得られない場合、酵母などの原始的な生物データの解析を介して手法の問題点を探る。また、Mann-Whitney 検定・フィッシャーの正確確率検定・χ^2 検定など、様々な検定方法を試す。

(D) 結果のデータベース化: がん抑制因子で有名な転写因子 p53 や、乳がんの発症リスクと転写因子 BRCA の変異など、発がんに関連する転写因子が少なからず存在する。このため、がん細胞の発現に有意に関わる転写因子の組合せは、生命科学・医学など広く有用である。様々ながん細胞で観測した発現データは BioGPS や GEO などのデータベースに蓄積されている。これらの解析から、各がん細胞で特異的な働きをしている転写因子の組合せを検出し、それらをデータベースとして広く公開する。

1) http://www.broadinstitute.org/gsea/msigdb/index.jsp　2) http://biogps.org
3) http://genome.ucsc.edu/　4) http://www.ncbi.nlm.nih.gov/geo/

4. 研究業績

(1) 学術雑誌等（紀要・論文集等も含む）に発表した論文、著書
［査読有り］
1. <u>Aika Terada</u>[1] and Jun Sese[2], "Discovering large network motifs from a complex biological network",
   Journal of Physics:Conference Series, 197, 012011, (2009)
   注：著者の所属・職（論文発表時）
   [1]お茶の水女子大学 大学院人間文化創成科学研究科 大学院生
   [2]お茶の水女子大学 大学院人間文化創成科学研究科 准教授

(2) 学術雑誌等又は商業誌における解説、総説 なし。
(3) 国際会議における発表
［口頭発表・査読有り］
1. <u>Aika Terada</u> and Jun Sese, "Global Alignment of Protein-Protein Interaction Networks for Analyzing Evolutionary
   Changes of Network Frames", BICoB-2012, USA, March 2012
［ポスター発表・査読有り］
1. ○<u>Aika Terada</u> and Jun Sese, "Graph summarization for finding relations of protein functions",
   The 20th International Conference on Genome Informatics (GIW2009), Japan, December 2009
2. ○<u>Aika Terada</u> and Jun Sese, " Global gene network alignment among species by using graph summarization ",
   ISMB/ECCB 2011, Vienna, July 2011
3. ○<u>Aika Terada</u>, Koji Tsuda and Jun Sese, "Comprehensive Discovery of Combinatorial Gene Regulations by
   Transcription Factors and miRNAs using Fast and Rigorous Statistical Tests",
   Systems Biology: Global Regulation of Gene Expression, Cold Spring Harbor Laboratory, USA, March 2012

(4) 国内学会・シンポジウム等における発表
［口頭発表・査読無し］
1. ○寺田愛花, 瀬々潤, "ノード属性を考慮した効率よいグラフのまとめ発見手法",
   DEIM フォーラム 2009, 静岡, 2009 年 3 月
2. ○寺田愛花, 瀬々潤, "大域的なネットワークアラインメントを用いた遺伝子機能の比較"
   情報処理学会 第 24 回バイオ情報学研究会（SIGBIO）, 京都, 2011 年 3 月
3. ○寺田愛花, 瀬々潤, 津田宏治, "組み合わせで働く因子発見のための多重検定補正方法の提案と高速化",
   ERATO 湊離散構造処理系プロジェクト 2011 年度秋のワークショップ 2011 年 11 月
   他 1 件
［ポスター発表・査読無し］
1. ○寺田愛花, 瀬々潤, "A novel network alignment for finding functional differentiation of genes across species",
   第 33 回分子生物学会年会, 神戸, 2010 年 12 月
   他 2 件

(5) 特許等 なし。
(6) その他
1. 寺田愛花, 2011 年 SIGBIO 学生奨励賞 2011 年 3 月
［発表前］(3) 国際会議における発表
1. ○Rina Nakazawa, Takayuki Itoh, Jun Sese, <u>Aika Terada</u>, "Integrated Visualization of Gene Network and Ontology
   Applying a Hierachical Graph Visualization Technique", IV 2012: IEEE Intelligent Vehicles Symposium,
   Spain, Jun 2012 (証明書 1 添付)

5. 自己評価

研究職を志望する動機: 私が研究職を志望する動機は、解かれていない様々な問題に挑戦できるからである。バイオインフォマティクスの研究職に強く興味を持ったのは、知人が原因不明の難病を患ったことである。この疾患について調べる過程で、医学・生命科学には解明されていない多くの問題があることを知り、これらを明らかにする研究者になりたいと強く思うようになった。

目指す研究者像: 私が目指す研究者像は、一つの問題を解き続けるのではなく、様々な問題に挑戦して成果を残す研究者である。そのために、新たな問題発見と問題解決の最初のアプローチを即座に思いつく研究者になりたい。

　新たな問題に挑戦するには、多くの研究者との議論と幅広い知識が大切だと考えている。これは、議論の中で新しい問題を発見する場面に度々遭遇するためである。しかし、議論で判明した問題に挑戦するには、その場で解決の第一歩を提案しなければならない。そのために、自分の研究以外にも幅広く知識を持ち、その中から最初のアプローチを即座に発見することが必要である。

自己の長所: 私の長所は、大きく分けて次の3つである。

(1) 新たな問題を解決する力があること: 私はこれまで、従来研究室で研究されてきたものとは異なる研究テーマに複数チャレンジしてきた。例えば、複雑なネットワークの簡略化・複数のネットワークの比較・統計的な解析手法である。また、新しいテーマに挑戦するだけでなく、国際学会での発表・学生奨励賞の受賞などの実績も残している（詳細は後述）。

(2) 研究者と議論する場が身近にあること: 私はライフサイエンス統合データベースセンター（DBCLS）と ERATO 湊離散構造処理系プロジェクトでリサーチアシスタント（RA）をしている（詳細は後述）。RA の活動を通して、研究室以外でも研究者と日頃から議論している。

(3) 知識の吸収に貪欲なこと: 私は知識吸収のために積極的に勉強会に参加する。例えば、他大学の「パターン認識と機械学習」の輪講・R 言語を用いた統計的な解析の勉強会（Tsukuba.R）・博士課程の学生の研究紹介のセミナーである。これらに参加するだけでなく、知識の吸収にも努める。例えば、輪講の準備で分からない所を1週間以上考え続けたこともある。

特に重要と思われる事項: 自己を評価する上で重要なことは、次の3つである。

(A) SIGBIO 学生奨励賞受賞: 私の修士課程の研究が、2011 年 SIGBIO の学生奨励賞に選ばれた。これは従来研究室で行なわれてきた研究ではなく、私と指導教員との話し合いで新しくはじめた研究である。このように、新しい研究テーマでも私は実績を残せる。

(B) 学外のリサーチアシスタントの活動: 現在、私は DBCLS と ERATO 湊離散構造処理系プロジェクトで RA をしている。前者は生命科学の、後者は機械学習の研究者が多く活動しており、研究室以外の研究者と議論する良い機会となっている。RA の活動でも成果を残している。例えば、DBCLS の成果は、SRAs：Survey of Read Archives（http://sra.dbcls.jp/）でデータベースとして公開されている。

(C) 海外の研究者との交流: 私は、海外の研究者との交流にも積極的である。例えば、2010年12月に開催された、お茶の水女子大学・日本女子大学・梨花女子大学（韓国）の合同シンポジウムに参加を志願し、当時所属していたお茶の水女子大学の学生代表で口頭発表した。また、2011 年5月にチューリッヒ大学を訪れた際にも研究紹介をしている。

　私はこれまで「様々な問題に挑戦し成果を残す研究者」を目指し、(1)-(3)の長所を活かし(A)-(C)の成果を残してきた。今後も新しい研究に挑み、より多くの実績を残していきたい。

Sample ⑧　新屋良磨さん（平成 26 年度 DC2 申請，書面審査で採用）

研究課題名：正規言語間の順序同型写像の応用
審査区分：総合／情報学／情報学基礎理論

2.　現在までの研究状況

【背景】
　申請者はこれまで「正規言語の理論的性質に基づく応用」を対象に研究を行なってきた．正規言語とは有限状態で計算できる構造を持った「文字列の（無限）集合のクラス」であり，計算機科学（形式言語理論・計算理論）において 1950 年代から研究されている．実世界においても正規言語は検索処理等で広く利用されており，正規言語ベースの検索処理は索引構造などの事前データを作る必要なく，検索対象データ長 n に対し線形時間 $O(n)$ で検索可能．また，正規表現というシンプルな記述式で検索パターンを記述できる等の特徴を持つ．
　正規言語ベースの検索処理の高速化は，実世界での応用上必要な研究である．一方，正規言語を用いた応用は文字列検索が中心であり，正規言語の理論全てが世の役に立っているわけでは無い．これらの点を踏まえ，申請者はこれまで（修士二年間）に「正規表現マッチングの高速化」と「正規言語の文字列圧縮への応用」という二つの研究テーマに取り組み，成果を出している．以下に，それぞれ研究の内容と成果を記す．

【正規表現マッチングの高速化】
　正規表現で攻撃パターンを記述し，ネットワーク上のパケットに対してフィルタリングを行う侵入検知システム（IDS）の利用などにおいて，フィルタリング（正規表現マッチング）のスループットの改善は重要な項目である．本研究では **本研究「世界最速の正規表現マッチング機構」を実現した．**
　ここで指標としている「速度」は，マルチコア環境での検索時のスループットを指す．本研究では
(1) DFA のデータ並列拡張モデル:SFA の提案（対象データ長 n，並列度 p に対し $O(n/p + p)$ でマッチング）
(2) 実行時コード生成を用いた（実装面での高速化）
という理論と実装の二軸の提案手法を用いた．図1と図2は，DFA による通常のマッチングと提案モデルである SFA によるデータ並列マッチングのイメージである．

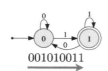

001010011

対象文字列に対し，先頭からDFAが動作.
末尾まで一貫して遷移する必要があり，文字列を分割する
ことはできない．マッチング計算量は $O(n)$．

図 1: DFA によるマッチング

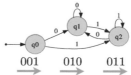

001　　010　　011

対象文字列を分割し，各分割文字列に対してSFAが並列に動作.
遷移結果を集約することで文字列全体のマッチング結果が分か
る．マッチング計算量は並列度 p に対し $O(n/p + p)$．

図 2: SFA によるデータ並列マッチング

　最終的に，本研究の手法によってスループットに関して「 **実行時コード生成によるシングルスレッド実行で 1.521GB/sec**」，「 **6 物理コア環境での 6 スレッドまでの理想的な台数効果（6 倍）**」という結果を出した．なお，**既存実装で高速な Google RE2 におけるスループットは 0.263GB/sec** 程である．
　本研究において学会での口頭発表を二回，ポスター発表を一回行なっており，二つの賞を受賞している．また，査読付き論文誌に採録が決定している（研究業績 1-2．
○ **既存研究との関連**　正規表現のデータ並列マッチングの研究としては，これまで DFA を投機的に並列実行する手法が提案されている（例えば [1, 2] 等がある）．しかし，投機的実行ベースのデータ並列マッチングは，検索パターンとなる正規表現が複雑になると並列化の効果が得られなくなるものだった（DFA の状態数 d，対象データ長 n，対象データ長 n に対し $O(n \cdot d/p + p)$）．一方，申請者の提案モデルは正規言語の複雑性と無関係に $O(n/p)$ マッチングが保証されている．

$$\{\varepsilon, \mathrm{a}, \mathrm{aa}, \mathrm{aaa}, \mathrm{aaaa}, \dots\}$$

$\mathcal{B}$

$$\{\varepsilon, \mathrm{a}, \mathrm{b}, \mathrm{aa}, \mathrm{ab}, \dots\}$$

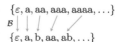

長さ-辞書順を保つ順序同型写像 $\mathcal{B}$ によって，二つの正規言語に関して文字列の一対一対応が得られる．**順序同型写像は文字列の長さを保ず，この例では常に短くなる．**

【正規言語の文字列圧縮への応用】
　「文字列検索以外にも正規言語の応用を見つける」というのが本研究の出発点である．本研究では，長さ-辞書順という文字列上の全順序関係の上で「二つの正規言語 L, L' 間の順序同型写像 $\mathcal{B}_{L \to L'} : L \Rightarrow L'$」を文字列圧縮器として特徴づけた（図3）．長さ-辞書順とは，「短い文字列ほど小さい」「同じ長さの文字列は辞書式順」の二つのルールで定義される順序関係である．

図 3: a* から $(a \mid b)^*$ への順序同型写像

具体的には，本研究の成果として
(1) 文字列 $w \in L$ から $f(w) \in L'$ を計算するアルゴリズムの計算量解析
(2) 関数 f の平均圧縮率の導出法

等がある．本研究で口頭発表を一回，ポスター発表を一回行い，査読付き論文誌に採録決定している(研究業績 1-1)．(2) の結果は理論的な結果であるが，この結果を使うと「対象の正規言語が無限集合であってもその平均圧縮率，つまり順序同型写像によって平均的にどれほど文字列が短くなるか？」ということが分かる．

○ **既存研究との関連**　「言語の順番を使って文字列を圧縮」というアイディアは Goldberg と Sipser [2] によって 1985 年に提案されている．Goldberg と Sipser は「任意の文脈自由言語において，(長さ–辞書順による) 順番は多項式時間で計算可能」という計算可能性を示した．それ以降，複数の言語クラスにおいて順番の計算の計算量に関する研究がいくつか続いている (例えば [4, 5, 6] 等がある)．しかし，圧縮という観点において「平均圧縮率」に着目した研究は無く，本研究では正規言語においてその点を明らかにしている．

参考文献

[1] J. Holub and S. Štekr, "On parallel implementations of deterministic finite automata," in CIAA '09, Proceedings, ser. Lecture Notes in Computer Science, vol. 5642. Springer, 2009, pp. 54–64.

[2] D. Luchaup, R. Smith, C. Estan, and S. Jha, "Multi-byte regular expression matching with speculation," in RAID '09, ser. Berlin,Heidelberg:Springer-Verlag,2009,pp.284–303.

[3] A. Goldberg, and M. Sipser, "Compression and ranking", in STOC '85, New York, NY, USA, ACM, 1985, pp. 440–448.

[4] L. A. Hemachandra, and S. Rudich "On the Complexity of Ranking", J. Comput. Syst. Sci., Vol. 41, No. 2(1990), pp. 251–271.

[5] C. Choffrut,and M. Goldwurm, "Rational Transductions and Complexity of Counting Problems", Mathematical Systems Theory, Vol. 28, No. 5(1995), pp. 437–450.

[6] E. Mäkinen, "Ranking and unranking left Szilard languages", Technical report, ISO/IEC JTC1/SC29/WGll/N2467, Atlantic City, 1997.

3. これからの研究計画

(1) 研究の背景

申請者は「正規言語間の順序同型写像」に注目し，正規言語の新たな応用の可能性を明らかにする所存である．正規言語間の順序同型写像は「二つの正規言語によって定義される文字列から文字列への写像」であり，正規言語をパラメターとして定義できる (別紙項目「2. 現在までの研究状況」，図3)．申請者はこれまで「正規言語から正整数」への順序同型写像を「正規言語から正規言語」への順序同型写像に拡張し，理解を深めてきた．特に，文字列圧縮という視点から計算量の解析や平均圧縮率等の理論的な性質を明らかにしてきた (研究業績 1-1)．一方，正規言語間の順序同型写像を実問題への応用–文字列圧縮やその他の可能性に適用するには，さらなる研究が必要だと申請者は考えている．

そのような状況で，**順序同型写像を計算するアルゴリズムの改良と暗号方面への応用の検討**が現時点での具体的な課題・未解決問題と申請者は考えている．続く「研究目的・内容」で詳細を述べる．

○ **関連研究** Lecomet と Rigo によって，正規言語と正整数の順序同型写像による一対一対応を「記数法」として捉えた *Abstract Numeration System*(**ANS**) が提案 [1] され，以降その表現力や演算に関する性質について研究が進められている [1]．ANS の他分野への応用として，*tiling* への応用 [3] や *automatic sequence* [4] への応用があるが，それらはいずれも純粋理論的な応用である．申請者は「正規言語と正整数の順序同型写像」を「正規言語間の順序同型写像」に拡張し，実問題への応用方向について研究を進める方針である．

参考文献

[1] P. B. A. Lecomte and M. Rigo, " Numeration Systems on a Regular Language", Theory of Computing Systems, Volume 34, Issue 1, Springer, 2000, pp. 27–44.

[2] M. Rigo, "Combinatorics, Automata and Number Theory", Cambridge University Press, New York, NY, USA, 1st edition, 2010, chapter Abstract numeration systems, pp. 123–178.

[3] V. Berth and M. Rigo, "Abstract Numeration Systems and Tilings", Mathematical Foundations of Computer Science, Volume 3618, Springer, 2005, pp. 131–143.

[4] J.-P. Allouche and J. Shallit, "Automatic Sequences: Theory, Applications, Generalizations", Cambridge University Press, New York, NY, USA, 2003.

（2）研究目的・内容

【研究目的】 正規言語間の順序同型写像について，実問題への応用の可能性を探る．申請者は，これまで文字列圧縮という観点から順序同型写像の応用に取り組み，理解を深めてきた．本研究では順序同型写像の基礎的な研究として「計算量的に性質の良い正規言語の特徴付け」，新たな応用の模索として「暗号方面への応用 [1] に向けた理論的解析」を行う．

【研究対象】 正規言語 L から L' への順序同型写像 $\mathcal{B}_{L \to L'}$ は，「言語 L から自然数 N の順序同型写像 val_L」と「自然数 N から言語 L' への順序同型写像 $\mathrm{rep}_{L'}$」に分解できる．つまり，言語 L, L' における長さ–辞書順 $\prec$ を用いて

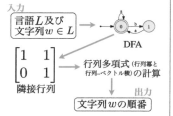

入力

言語 L 及び
文字列 $w \in L$

DFA

隣接行列

行列多項式（行列冪と
行列–ベクトル積）の計算

出力

$$\mathrm{val}_L(w) \quad := \quad \#\{w' \in L \mid w' \prec w\} \tag{1}$$
$$\mathrm{rep}_{L'}(n) \quad = \quad w \ \text{s.t.} \ \#\{w' \in L' \mid w' \prec w\} = n \tag{2}$$
$$\mathcal{B}_{L \to L'} \quad := \quad \mathrm{rep}'_{L'} \circ \mathrm{val}_L \tag{3}$$

文字列 w の順番

図 4: 文字列の言語 L 内での順番の計算

のように表せる．実際，申請者の提案したアルゴリズムはこの分解に基づいて順序同型写像を計算する．

文字列からその順番となる数の計算 val_L は図 4 のように，言語 L からそれぞれ DFA を生成し，DFA の隣接行列の行列多項式を計算することで実現している．数から文字列への計算 $\mathrm{rep}_{L'}$ は val の逆計算となる行列多項式の係数を求める計算に帰着される．val_L も $\mathrm{rep}_{L'}$ もどちらも行列多項式を中心とした計算であるが，計算の性質の違いから val_L は行列–ベクトル積を中心とした計算，$\mathrm{rep}_{L'}$ は行列冪を中心とした計算となる．なお，$n \times n$ の正方行列において，行列–ベクトル積は $O(n^2)$ 回，行列–行列積は $O(n^{2.8})$ 回の要素乗算回数で計算可能であることが知られている．以下，課題について具体的に説明を行う．

○ アルゴリズムの改良
順序同型写像（式 (3)）の計算において，与えられた正規言語に対応する DFA の隣接行列が対角化可能であるか否かは計算量的に重要な問題である．対角化可能な場合は対角化することで，行列冪の計算に必要な行列積の計算量が $O(n^{2.8})$ から $O(n)$ にまで改善されるからである．以下，「対角化可能な隣接行列を持つ DFA」を**対角化可能な DFA**，「対角化可能な DFA によって受理される正規言語」を**対角化可能な正規言語**と単純に呼ぶ．

以上の状況を踏まえ，具体的な研究対象として
(a) **対角化可能な DFA，対角化可能な正規言語の特徴付け**
(b) **与えられた正規言語 L から，L を含む言語で最小の対角化可能な正規言語 $L' \supseteq L$ の構成法**
が挙げられる．(a) は順序同型の計算量が低い（良い）正規言語に対する理解を深めるための研究である．ユーザーが入力した正規言語から，（それを含む）最も近い対角化可能言語を構成できれば，より良い計算量の順序同型写像を利用可能となるだろう．

○ 暗号方面への応用検討
正規言語間の順序同型写像を暗号関数への応用可能性を探る．具体的には，秘密鍵を正規言語 L，正規言語から自然数への写像 val_L を暗号化関数，復号関数を $\mathrm{rep}_{L'}$ として運用することを想定している [1]．現代暗号理論において，暗号関数に求められる性質（安全性）は多く，正規言語間の順序同型写像がそれらを満たすか不明なものが多い．その中でも，**特に重要なものが $\mathrm{val}_L, \mathrm{rep}_{L'}$ それぞれについて「入力と出力のペアから鍵となる正規言語 L を同定できるか？」（選択平文，選択暗号文攻撃）がある**．

正規言語 L に対する（受理判定等の）操作によって L を同定する問題「言語の同定問題」（*identification, inferrence*）は古くから研究されており，その多くが指数時間計算量または計算不能であることが知られている [2]．しかし，正規言語の順序同型写像 $\mathrm{val}_L, \mathrm{rep}_{L'}$ を対象とした言語の同定問題については研究されていない．

$\mathrm{val}_L, \mathrm{rep}_{L'}$ を暗号のプリミティブとして扱うためには，少なくとも「言語 L の同定が困難である（指数個の出力と入力のペアが必要）」という結果が必要であり，申請者はこの点を明らかにしたいと考えている．

【方針】 研究対象はいずれも理論的なものであり，また自明な問題でもない．対象への理解を深めるために，関連分野のサーベイは特に重要だろう．対角化可能 DFA については，隣接行列とグラフを中心に扱う *spectral graph theory* との関連が深いと思われる．言語の同定問題については，数多くの既存研究から応用可能な証明手法や帰着可能な解決済み問題が得られる可能性がある．

参考文献

[1] 坪井 翔太郎, 新屋 良磨, 多田 充,「鍵更新可能暗号方式の提案と正規言語による実現の検討」, SCIS2013, 2013 年 1 月.

[2] L. Pitt, "Inductive Inference, DFAs, and Computational Complexity", Proceedings of the International Workshop on Analogical and Inductive Inference, AII '89, London, UK, UK, Springer-Verlag, 1989, pp. 18–44.

（3）研究の特色・独創的な点

　正規言語間の順序同型写像を実問題に応用するという時点で既存研究には無い発想であり，独創的と言える．正規言語間の順序同型写像について，純粋理論的な興味を持った研究はこれまでいくつか提案されている [1, 2] が，本研究では「実問題への応用」を目的とし取り組む．

　1960 年代に Thompson が正規表現を文字列マッチングに用いるプログラムを最初に開発 [3] して以来，マッチングの高速化やオートマトンの状態数を抑える研究が広く深く行われている．具体的な応用先が見つかると研究は促進され理論は発展していくものである．申請者は，本研究を「正規言語の新たな応用可能性を明らかにする研究」と位置づけている．古くからの研究対象である正規言語の新たな応用先を提案することで，正規言語の応用研究を促進することには意義がある．

　上記で述べた学術的な意義だけでなく，本研究によって正規言語の応用先が広がることで，今まで文字列マッチング中心に利用されていた正規言語が実世界でも新たに注目されるだろう．正規言語を記述する正規表現は，今日ではプログラマーにとっては必須のものであり，正規言語の新たな応用が現れた場合のインパクトは大きい．

参考文献
[1] M. Rigo, "Combinatorics, Automata and Number Theory", Cambridge University Press, New York, NY, USA, 1st edition, 2010, chapter Abstract numeration systems, pp. 123–178.
[2] A. Goldberg, and M. Sipser, "Compression and ranking", in STOC '85, New York, NY, USA, ACM, 1985, pp. 440–448.
[3] B. Kernighan, "A Regular Expressions Matcher", Beautiful Code, O'Reilly Media, pp. 1–8.

（4）年次計画

（1 年目）

1-1. 順序同型写像アルゴリズムの改良及びその実装
　対角化可能な正規言語の理解，その構成方法を明らかにする．また，プログラムの実装も実問題への応用上重要な課題である．

1-2. 言語の同定問題及び graph spectral theory のサーベイ
　正規言語の暗号への応用に関して，「順序同型写像の同定が困難である」ということを示す必要がある．既存成果で研究されている様々な種類の同定問題を調査し，順序同型写像における同定問題に対するアプローチ方法や帰着可能な問題を探る．また，対角化可能 DFA に関連する分野として graph spectral theory を中心にサーベイを行い理解を深める．

（2 年目）

2-1. 順序同型写像における言語の同定問題の解明 順序同型写像において「同定問題が困難」であることが明らかになった場合は，さらに暗号化への応用に考察を推し進める．逆に「同定問題が容易（多項式時間で可能）」ということが明らかになった場合は，順序同型写像の暗号への応用は難しいだろうが，その結果だけでも理論的には価値のあるものである．

（3 年目）（DC 2 は記入しないこと）

4. 研究業績

(1) 学術雑誌（紀要・論文集等も含む）に発表した論文、著書
（査読有り，印刷前（採録決定））

1-1. 新屋 良磨，「正規言語上の Abstract Numeration System の文字列圧縮への応用」，コンピュータソフトウェア，日本ソフトウェア科学会 (証明書①添付).

1-2. 新屋 良磨，光成 滋生，佐々 政孝，「並列化と実行時コード生成を用いた正規表現マッチングの提案」，コンピュータソフトウェア，日本ソフトウェア科学会 (証明書②添付).

(2) 学術雑誌等又は商業誌における解説・総説

2-1. 新屋 良磨，「処理速度にも影響する !? 正規表現エンジンの種類としくみ」，Software Design，技術評論社，5 月号，pp 89–98 (2013).

(3) 国際会議における発表なし．
(4) 国内学会・シンポジウムにおける発表
（口頭，査読なし）

4-1. 坪井 翔太郎，新屋 良磨，多田 充，「鍵更新可能暗号方式の提案と正規言語による実現の検討」，SCIS2013，2013 年 1 月．

4-2. 新屋 良磨，「正規言語上の Abstract Numeration System の文字列圧縮への応用」，日本ソフトウェア科学会大会第 29 回大会，2012 年 8 月．

4-3. 新屋 良磨，光成 滋生，佐々 政孝，「並列化と実行時コード生成を用いた正規表現マッチングの高速化」，日本ソフトウェア科学会大会第 28 回大会，2011 年 9 月．

4-4. 新屋 良磨，河野 真治，「動的なコード生成を用いた正規表現マッチャの実装」，情報処理学会第 52 回プログラミング・シンポジウム，2011 年 1 月．

（ポスター，査読なし）

4-5. 新屋 良磨，「正規言語の列挙 - プログラミングへの応用」，日本ソフトウェア科学会 PPL2013，2013 年 3 月．

4-6. 新屋 良磨，光成 滋生，佐々 政孝，「並列化と実行時コード生成を用いた正規表現マッチングの高速化」，情報処理学会第 53 回プログラミング・シンポジウム，2012 年 1 月．

（ライトニングトーク）

4-7. 新屋 良磨，「正規表現++」，第 6 回 広域センサネットワークとオーバレイネットワークに関するワークショップ，2013 年 5 月．

(5) 特許等なし．
(6) その他
【表彰】

6-1. 新屋 良磨，河野 真治，情報処理学会第 52 会プログラミング・シンポジウム，山内奨励賞（**全登壇発表 22 件から 2 件**），2012 年 1 月

6-2. 新屋 良磨，日本ソフトウェア科学会全国大会，学生奨励賞（**学生発表 114 件から 2 件**），2011 年 9 月

【エンカレッジ制度採択】

6-3. 新屋良磨，「世界最速の正規表現 JIT エンジンの実装」，第一回サイボウズ・ラボユース採択（**コアメンバー [3 人]**），2011 年 4 月 ～ 2012 年 3 月．

6-4. 新屋良磨，「正規言語上の Abstract Numeration System の文字列圧縮への応用」，東京工業大学 130 周年博士進学エンカレッジ奨学金制度採択（**各専攻博士進学予定者から一名ずつ**），2012 年 11 月．

5. 自己評価

1. 研究職を志望する動機、目指す研究者像、自己の長所等

【動機】

「研究が楽しい」というのが素直な動機である．申請者は、正規言語に関するアイディアを修士二年間で二つ思いつき、それぞれ成果を出している．これらの研究経験は自信にもなり、先人の肩に立ち、さらには先人の到達できなかった領域を切り開いていく「研究者」という道に進む意思を固いものとした．

【研究者象】

自身の発想を信じ、研究に邁進する、強い信念を持った研究者が理想像である．「自ら問題を見出し、取り組むことで新たな成果を出す」ことは研究者にとって最も基本的なことであり、最も重要なことだと考えている．

申請者は、修士学生の間から自立して研究することを強く意識していた．修士二年間の間で、異なる二つの発想を中心に研究に邁進し、成果を出してきた．査読付き論文誌に通した二本の論文の内一本は単著で通している（研究業績 1-1）．

素晴らしい発想や優れた成果は「研究対象の深い理解」が元になると考えている．申請者は、研究対象である正規言語の「世界で一番の理解者」になりたいという信念がある．そのためには既存研究のサーベイや基礎学習はもちろん、多視点からの理解のための「他分野の学習」も重要であることは言うまでもない．理論的対象の理解には底がなく、研究や学習には時間がかかるものであるが、研究者として腰を据えて取り組む価値があるものと考えている．

【長所】

自身の一番の長所は **研究者としての高いコミュニケーション力** にあると確信している．

一人では発想の限界があっても、同分野の専門家同士、あるいは異なる分野の専門家と議論を交えることで、新たな発想が生まれ研究の幅が広がる場合がある．申請者はこれまで修士二年間で ~~プログラム最適化、暗号の専門家の計三名の研究者及び社会人と共同研究~~ を行なっている（研究業績 1-2、4-1）．さらに、現在も正規表現の並列マッチングについて学外の研究者と共著（申請者が第一著者）で国際学会へ論文を投稿中である．

また、積極的な発表活動も一種のコミュニケーションと言えるだろう．申請者はこれまで学会発表以外に二年間で 技術者コミュニティにおいて 7回の発表[a]を行なっている．これらの発表活動によって、申請者の「正規表現研究者」としての認知度が技術者コミュニティに広まり、商業誌の解説記事執筆依頼（研究業績 2-1）にまで繋がっている．

2. 自己評価をする上で、特に重要と思われる事項

申請者は、プログラムや資料等の研究成果物を積極的に公表している．並列マッチングの成果物である正規表現エンジンは Regen[b]、正規言語による文字列圧縮プログラムは RANS[c] というオープンソースプログラムとして公開・配布している．前者の Regen は企業のエンカレッジ制度（研究業績 6-3）で申請者が開発を行なったプロジェクトである．

研究者自身が、研究成果についてプログラム等の形で公表し社会に還元することは、「理論から応用までの道のり」を短縮する重要な役目だと考えている．申請者は自身を「下から上まで」できる研究者、つまり 基礎理論だけでなく応用の提案や高度なプログラムの実装まで をサポートできる能力があると認識している．

[a]http://www.shudo.is.titech.ac.jp/members/sinya
[b]http://github.com/sinya8282/regen
[c]http://sinya8282.github.io/RANS/

索引

著者紹介

大上雅史
（おおうえまさひと）

2014年　東京工業大学　大学院情報理工学研究科 計算工学専攻
　　　　博士後期課程修了（博士（工学））
現　在　東京工業大学　情報理工学院　情報工学系　テニュアトラック
　　　　助教

NDC 407　　207p　　21 cm

学振申請書の書き方とコツ　改訂第2版
（がくしんしんせいしょのかきかたとコツ　かいていだいはん）
DC／PD 獲得を目指す若者へ
（ディーシーピーディー　かくとくをめざすわかものへ）

2021年3月19日　第1刷発行

2024年2月16日　第7刷発行

著　者　大上　雅史
（おおうえ　まさひと）
発行者　森田浩章

KODANSHA

発行所　株式会社　講談社
　　　　〒112-8001　東京都文京区音羽 2-12-21
　　　　　販　売　(03)5395-4415
　　　　　業　務　(03)5395-3615
編　集　株式会社　講談社サイエンティフィク
　　　　代表　堀越俊一
　　　　〒162-0825　東京都新宿区神楽坂 2-14　ノービィビル
　　　　　編　集　(03)3235-3701
本文データ制作　株式会社 双文社印刷
印刷・製本　株式会社 KPSプロダクツ

落丁本・乱丁本は，購入書店名を明記のうえ，講談社業務宛にお送りください．送料小社負担にてお取り替えします．なお，この本の内容についてのお問い合わせは講談社サイエンティフィク宛にお願いいたします．
定価はカバーに表示してあります．

ISBN978-4-06-523107-4